清华

开发者书库

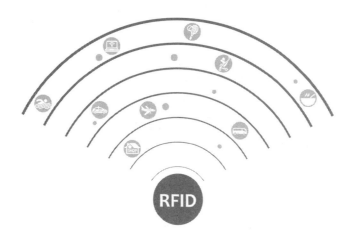

RFID and the Internet of Things

RFID与物联网

Hervé Chabanne
Pascal Urien   著
Jean-Ferdinand Susini

宋廷强 译

清華大学出版社
北京

RFID and the Internet of Things

Hervé Chabanne，Pascal Urien，Jean-Ferdinand Susini

ISBN：978-1-84821-298-5

Copyright © ISTE Ltd 2011

北京市版权局著作权合同登记号　图字：01-2014-7615

图书在版编目（CIP）数据

RFID 与物联网/（法）夏巴纳（Chabanne，H.），（法）于里安（Urien，P.），（法）苏西尼（Susini，J.F.）著；宋廷强译.--北京：清华大学出版社，2016（2020.9重印）

书名原文：RFID and the Internet of Things

（清华开发者书库）

ISBN 978-7-302-41038-6

Ⅰ.①R… Ⅱ.①夏… ②于… ③苏… ④宋… Ⅲ.①无线电信号－射频－信号识别－教材 ②互联网络－教材 ③智能技术－教材 Ⅳ.①TN911.23 ②TP393.4 ③TP18

中国版本图书馆 CIP 数据核字（2015）第 169165 号

责任编辑：盛东亮
封面设计：李召霞
责任校对：时翠兰
责任印制：杨　艳

出版发行：清华大学出版社
　　　　网　　　址：http://www.tup.com.cn，http://www.wqbook.com
　　　　地　　　址：北京清华大学学研大厦 A 座　　　　邮　　编：100084
　　　　社 总 机：010-62770175　　　　　　　　　　　邮　　购：010-62786544
　　　　投稿与读者服务：010-62776969，c-service@tup.tsinghua.edu.cn
　　　　质量反馈：010-62772015，zhiliang@tup.tsinghua.edu.cn
印 装 者：北京富博印刷有限公司
经　　销：全国新华书店
开　　本：186mm×240mm　　印　张：14　　　　字　　数：308 千字
版　　次：2016 年 1 月第 1 版　　　　　　　　印　　次：2020 年 9 月第 4 次印刷
定　　价：49.00 元

产品编号：057588-01

译者序
FOREWORD

物联网(The Internet of Things,IOT)概念的提出可以追溯到比尔·盖茨于1995年出版的《未来之路》一书中,物联网的发展目的是方便人们的生活,让孤立的物品(如冰箱、热水器、汽车、设备、家具等)接入网络世界,让它们之间能相互交流,传递信息。2005年国际电信联盟(International Telecommunication Union,ITU)发布的《ITU 互联网报告2005:物联网》全面分析了物联网的概念,认为物联网是一种通过诸如射频自动识别(Radio Frequency Identification,RFID)以及智能计算等技术将全世界的设备连接起来所实现的网络。2010年,温家宝总理在政府工作报告中提出了"感知中国"及"物联网"的概念——物联网是通过信息传感设备,按照约定的协议,把任何物品连接起来,进行信息交换和通信,以实现智能化识别、定位、跟踪、监控和管理的一种网络,它是在互联网基础上延伸和扩展的网络。

在物联网的构想中,RFID标签中存储着规范而具有互用性的信息,通过无线数据通信网络把它们自动采集到中央信息系统,实现物品的识别,进而通过开放性的计算机网络实现信息交换和共享,实现对物品的"透明"管理。

RFID技术是物联网技术的基础,也只有了解和掌握RFID相关技术的发展及相关技术,才能理解物联网的实现原理。本书从RFID相关技术入手,共分五个部分阐述了RFID与物联网的相关技术。第一部分介绍RFID技术的物理基础,阐述RFID射频信号传输的理论基础,研究RFID的分类以及相关的技术标准与信息编码技术。第二部分通过展示RFID技术的演变过程,介绍主要的条形码及二维码,并与RFID技术进行了对比,分析二者的应用优势以及RFID技术在物联网中的发展趋势,在这一部分中,对RFID的技术标准进行了重点介绍,给出主要的RFID标签的种类,最后侧重介绍RFID技术在不同领域的应用。第三部分从RFID数据安全角度,描述RFID系统的密码协议,分析常用的数据攻击类型以及在标签中保护持有者的个人隐私的措施。第四部分重点讲述EPCGlobal产品电子代码,介绍该标准的体系结构及工作机制。第五部分介绍物联网中间件技术,给出物联网实现架构,介绍了一些常用的中间件标准以及中间件解决方案。

本书全面讲述了RFID与物联网的相关技术知识,涉及射频识别、条形码、电子标签、物联网技术标准、协议安全、中间件等与物联网相关的主要技术。本书涵盖了RFID与物联网相关的主要技术内容,可以作为高校物联网、通信工程、电子信息技术、计算机等相关专业的教材,还可用作从事RFID和物联网研究、开发及工程实施人员的参考用书。

　　本书的主要特点在于：①技术全面，RFID 与物联网技术涉及通信、电子、数据安全、软件技术、电子编码、中间件技术等多个领域，为了更为准确地对每一部分进行阐述，本书的每一部分内容都由不同的专家负责撰写，从而较为全面与准确地阐述了相关的主要技术；②内容新颖，本书将 RFID 与物联网技术的一些基础知识和主要关键技术相结合，既有浅显的基本知识，也有相关的技术原理，还包含许多新近的技术成果，内容处理较为得当；③具有较强的实用性，本书在讲解原理的同时，列举了许多实例以及相关的解决方案，而这些都是 RFID 与物联网系统开发的主要技术。

　　在本书的翻译过程中，译者力求忠实于原著，但限于译者的技术和翻译水平，很多词句译者一时很难把握准确，导致书中难免存在各种翻译错误，敬请读者批评指正，以便在后期修改完善。译者的邮箱是 songtq@163.com，敬请赐教。

译者

2016 年 1 月于青岛

前言
PREFACE

  射频识别(radio frequency identification,RFID)技术可以通过电磁波自动识别标签(tag)内存储的信息。RFID 标签由一个天线和一个芯片构成,可以接收与发送数据。

  RFID 技术呈现出取代条码的趋势,随着贸易的增长,该技术为贸易带来了新的交易方式。实际上,在很长时期内条码技术都被认为提供了高效数据编码,但目前却面临一些局限性。例如,使用的光学读写器(扫描器)必须与被识别的物体十分靠近。另外,条码存储数据信息的容量太小。

  RFID 技术通常由三个基本部件构成,即 RFID 芯片、天线和读写器。标签放置在需要识别的物品或人的身上,标签芯片上存有数据,可以由读写器通过标签天线进行获取,并经过服务器进行解密。RFID 技术采用的射频频率一般在 50kHz~2.5GHz 的范围。

  因此,有必要将条码与 RFID 做一下对比,来解释为什么说 RFID 可以取代条码,并且RFID 也还有一些局限性。首先,二者的读取模式不同。条码的读取利用的是激光,而读写器通过扫描 RFID 标签,借助于电磁波识别标签内部存储的数据。RFID 标签可以获得更高的阅读距离,实际上,RFID 的阅读距离可以达到几厘米到 200m 的阅读范围。其次,RFID标签可以比条码存储更多信息,数据的获取速率可以达到几 KBps。更为重要的是,RFID标签能够循环使用,这主要是因为可以将新的信息写入标签。RFID 技术应用的一个主要缺点是其成本太高,成本因素会延缓 RFID 技术的推广。另外,RFID 标签也容易受到信号干扰。

  RFID 技术依然是大众十分关注的话题,它不仅能够解决条码遇到的问题,还是经济与贸易十分重要的因素,如物流的供应与运输。RFID 技术的应用可以引起医药行业的变革,在健康领域凭借巨大的优势可以使每个人从中受益。实际上,谁不想从高质量的看护中受益,谁会想成为医疗事故的受害者?将智能标签(smart tags)应用于医疗产品,可以确保医疗产品的真实性,防止假冒。在献血中使用 RFID 可以极大地减少可能出现混乱的风险。医疗团队可以无误地认证血样的来源,保证输血安全。

  RFID 标签越来越深入到人们的生活,并引起广泛的关注。这也是写这本书的出发点,力求从科学的视角来对著名的"智能标签"进行描述。本书共分为五部分:第一部分介绍RFID 系统的操作,对 RFID 进行分类,研究标签与天线的物理性质以及 RFID 信息的编码技术。第二部分致力于 RFID 的应用研究。这一部分通过对标签与 RFID 的比较来追溯RFID 的发展,并以具体的 RFID 技术应用实例进行讲述。第三部分描述 RFID 系统的密码协议。

  在标签中存储数据的识别必须不能损害持有者的个人隐私。第四部分关注 RFID 的全球标准：产品电子代码（electronic product code，EPC）。这是一项全球范围的编码，期望借助于互联网为所有产品建立数据信息，来确保每一件产品的唯一性与真实性。最后，第五部分尽可能详细讲解物联网实现的架构，以及适用需求演化而来的中间件。

Guy Pujolle

目 录
CONTENTS

第一部分　RFID 物理基础

第二部分　RFID 的应用

第三部分　RFID 加密技术

第四部分　EPCglobal

第五部分　中间件

第一部分　RFID物理基础

第 1 章

概　　述

　　射频识别(radio frequency identification,RFID)系统可以在一定距离内通过电磁波把能量和数据发送至某一设备,该设备可以执行获取信息的预设程序完成数据交换。RFID技术的起源可以追溯到雷达的发明。在第二次世界大战期间,战斗机飞行员巧妙地运用雷达使友军的雷达操作员可以远程识别它们的飞机,进而区分敌我。

　　RFID 技术在 20 世纪 70 年代早期获得迅猛发展。最早的 RFID 设备仅仅是一台简单的共振模拟电路。后来,微电子技术的发展使得日益复杂的数字功能得以整合。最初设计应用是跟踪和监控一些敏感领域(军事领域或核领域)的危险材料。到了 20 世纪 70 年代末,这些设备也应用于民用领域,特别是动物跟踪、车辆和自动生产线[DOB 07]。

　　1970 年美国国际商用机器公司(IBM)工程师发明的条形码是一种常用的跟踪技术,但在动物跟踪或发动机装配生产线等环境变化时使用存在局限性。事实上,条形码必须在没有障碍和污渍的条件下通过扫描窗口才能被便携式扫描器扫描到,障碍和污渍会降低或阻止读取操作。这就是 RFID 技术在识别领域正在取代条形码的原因,RFID 技术能够利用电磁波在一定距离外读写信息。

　　RFID 系统和非接触式智能卡由一个或多个电子标签组成,这些标签连接到一个或多个可以辐射电磁场的天线或终端上。这些设备通过无线电波(radio frequency,RF)或超高频(ultra high frequency,UHF)信道进行通信。一些 RFID 设备和非接触式智能卡需要内置电源来实现电子标签与终端读写器之间的数据交换。而大多数 RFID 应用和非接触式智能卡通过远距离能量传输来保证数据交换所需的能量。

　　根据所使用的频率,操作所需的能量可以通过一种几何部件来提供,这个几何部件可以是电磁感应(低频或高频)或电磁波(超高频)的感应部件。

　　实现对一些电力电子、机械和材料的参数进行有效控制是 RFID 技术发展的前提[ELR 04]。

　　事实上,考虑到 RFID 系统设备之间能量和数据传输的性质,标签和终端之间在空间的能量传输和数据交换可能出现通信失败。尤其需要注意控制由于信号的反射与吸收所造成

　　本章由 Simon ELRHARBI 和 Stefan BARBU 编写。

的回声现象(如在 UHF 频段)。近场耦合强度(如在 LF 或 HF 频段)可以降低信噪比,或者其他情况下,在功率级上导致很高的阻抗失配,并且会导致基频站出现故障[BAR 05]。RFID 标签和终端搭配的天线方向与能量和数据的传播有关,会受到减弱,标签的读写距离可以进行优化,并且要考虑整体的前端架构(能量级、接收与能量控制),而这些问题(操作区和天线配置)主要涉及物理和电学性能。

关于电子方面,在 RFID 系统规范和 ISO 标准预定义的条件下,防碰撞处理应该允许在 RFID 终端操作区域的所有标签之间建立数据交换。传输过程可以通过加密算法来保证安全,传输处理时间应该得到优化(就带宽和数据速率而言),从而使处理时间与预期的高传输速率相一致。

最后,不同 RFID 系统间的互操作性、稳定性(就电学特性而言)和 ISO 标准的兼容性必须得到保证。在这种情况下,RFID 系统的机械性能(芯片和天线之间的连接)和材料(从电子行为的观点考虑)都非常重要。

RFID 技术具有的数据采集与处理能力非常适合于供应链信息的自动化处理,在不同环境下都能获得很好的灵活性和操作性,即使针对移动的物品或者处于不同位置的物品。RFID 技术伴随着国际贸易交流获得了空前的发展,这些技术通过避免任何的逻辑或人为失误而节约了资金[ROU 05]。

用于汇总来自 RFID 系统数据的信息系统结构是基于规范的网络,这些网络定义源于国际 ISO 标准或管理者与受托人联盟,如 EPCglobal 公司实施的 EPC 编码。这些电子码标记到物品上在全球范围内进行识别,同时为服务器提供互联服务,通过互联网识别和定位对象。

如今,由于微电子技术、微型计算机技术与通信技术的发展融合,RFID 系统不仅在自动识别领域得到发展,而且还扩展到其他领域,如楼宇门禁、网络访问或远程电子设备之间的担保交易。

参考文献

[BAR 05]BARBU S.,Design and implementation of an RF metrology system for contactless identification systems at 13.56 MHz,PhD Thesis,University of Marne La Vallée,2005.

[DOB 07]DOBKIN D. M.,*The RF in RFID*,Elsevier,Qxford,2007.

[ELR 04] ELRHARBI S.,BARBU S.,GASTON L.,Why Class I PICC is not suitable for ICAO/NTWG E-passport-New proposal for a Class I PCD,Contribution ISO/IEC JTC1/SC17/WG8/TF2 num. N430, ISO/IEC JTCI/SC17/WG8/TF2,June 2004.

[ROU 05]ROURE F.,GORICHON J.,SARTORIUS E.,RFID technologies:industrial and society issues,Report of CGTI committee num. Report N°II-B. 9-2004,CGTI,January 2005.

<table>
<tr><td>第 2 章</td></tr>
</table>

RFID 射频信号的特点

本章描述 RFID 系统中电信号交换的主要特点。

2.1 RFID 系统及其工作原理

RFID 系统通常由固定的装置组成(包括基站、读写器、耦合装置、终端等),它们的功能是用无线电波进行识别和处理包含在一个或多个移动设备中的信息,这些移动设备包括应答器(transponder)、电子标签(tag)、徽章、电子令牌或非接触式智能卡等。固定装置与移动设备差别各异,可能会随着应用环境、采用的硬件及软件资源的不同而不同。固定装置连接在服务器上,实现在中间件和应用层的数据处理,用来分析、归档和产品追溯,如图 2.1 所示。

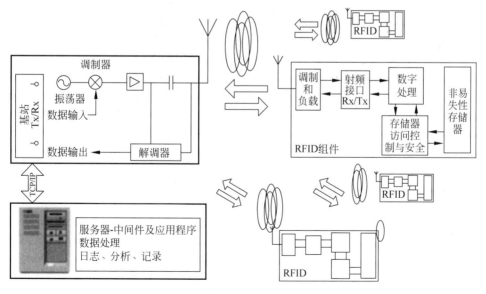

图 2.1 射频识别系统中的部件

本章由 Simon ELRHARBI 和 Stefan BARBU 编写。

2.1.1　RFID 系统的分类

由于设备、特征、应用程序和用途的多样化,RFID 系统有着多种分类方法,但可以从 RFID 系统中找到一些常用的分类依据,如操作频率、应答器类型、能量和数据的传输模式和 RFID 技术特点。

2.1.2　操作频率范围

RFID 系统使用的电磁波必须遵守一些国家、地区甚至国际上的许多规定。除了当地的司法管辖部门,RFID 系统还要遵守标准委员会的一系列标准,标准委员会根据可用的无线电频率、发射功率和宽带制定射频发射标准。可用的频率范围属于 ISM 频段(主要用于工业、科学及医疗)。如图 2.2 和图 2.3 所示,RFID 系统所使用的 ISM 频率可分为四类:

(1) 低频(LF,频率低于 135kHz)。

(2) 射频(RF)或高频(HF,频率约为 13.56MHz)。

(3) 超高频(UHF,频率约为 434 MHz,869~915MHz 和 2.45GHz)。

(4) 微波(SHF,频率约为 2.45 GHz)。

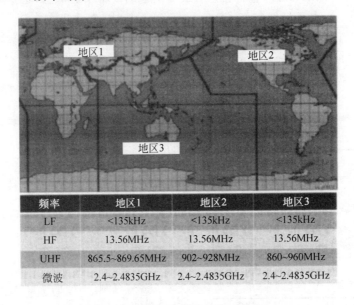

频率	地区1	地区2	地区3
LF	<135kHz	<135kHz	<135kHz
HF	13.56MHz	13.56MHz	13.56MHz
UHF	865.5~869.65MHz	902~928MHz	860~960MHz
微波	2.4~2.4835GHz	2.4~2.4835GHz	2.4~2.4835GHz

图 2.2　射频识别中 ISM 频段的分配

2.1.3　应答器类型

通常情况下,将存储器应答器和微处理应答器区别对待(2.3.1 节和 2.3.2 节做了详细说明)。所有的应答器都包含非易失性存储器(non-volatile memory,NVM)。在存储器应答器和微处理应答器中,基本数据操作主要有输入/输出、在非易失性存储器中进行的读写

a. 低频(119~135kHz)			
美国/加拿大	欧洲	日本	中国
$2400/f(inkHz)^{\mu V/m}$@ 300m	119~127kHz: 66dBμA/m@10m 127~135kHz: 42dBμA/m@10m	30V/m@3m	$P_{Peak}<1W$
b. 高频(13.56MHz)			
美国/加拿大	欧洲	日本	中国
13.553~13.567MHz 42dBμA/m@10m	13.553~13.567MHz 42dBμA/m@10m	13.553~13.567MHz 42dBμA/m@10m	13.553~13.567MHz 42dBμA/m@10m
c. 超高频(860~960MHz)			
美国/加拿大	欧洲①	日本	中国
902~928MHz $P^2_{e.i.r.p.}$=4W	865.0~868.0MHz $P_{e.t.p}$=+20dBm 865.6~868.0MHz $P_{e.t.p}$=+27dBm 865.6~867.6MHz $P_{e.t.p}$=+33dBm	952~955MHz $P_{e.t.p}$=1W+6dB antenna gain=4W	840.5~844.5MHz $P_{e.t.p}$=2W 920.5~924.5MHz $P_{e.t.p}$=2W (从2007年可用)
d. 微波频段(2.45GHz)			
美国/加拿大	欧洲	日本	中国
2.400~2.483GHz $P_{e.i.r.p.}$=4W	2.446~2.454GHz $P_{e.i.r.p.}$=500mW或4W(室内)	2.400~2.4835GHz 3mW/MHz($P_{e.i.r.p.}$=1W)	2.400~2.425GHz 250mW/m@ 3m($P_{e.i.r.p.}$=21mW)

① 200kHz通道采用先听后讲(listen-before-talk,LBT)方式。
② 等效全向辐射功率(EIRP) = 1.64×有效辐射功率(ERP)。

图 2.3　射频识别中 ITU 频段的管理

操作以及数据加密。对于非易失性存储器来说,输出操作是将数据向外传送,写操作用以修改非易失性存储器中的内容,这些操作都十分灵敏,这也是在非易失性存储器加入逻辑安全模块的原因。逻辑安全模块位于非易失性存储器与输入/输出模块之间,使所有的数据输出及写入操作都要先经过一个硬件加密芯片,来确保数据安全。

1. 存储器应答器

非易失性存储卡对写入操作有简单的保护功能,写操作的保护功能会使写入操作无法执行。有些芯片内部集成有非易失性存储器,它们与可编程逻辑器件(programmable logic device,PLD)相连,PLD 可以执行诸如代码验证、读写控制、冻结加密算法等简单操作。

除了上述类型的存储器,存储器应答器还包括在制造过程中固定数据的只读存储器(read only memory,ROM)和易失性存储器(RAM)。

非易失性存储器主要有两种:电可擦可编程只读存储器(electrically erasable programmable read only memory,EEPROM)和 FLASH 存储器。EEPROM 属于 MOS 类型存储器,由金属氧化物半导体制成。在编程期间利用 Fowler-Nordheim 隧道效应机理,在较高电场的作用下使得电子能够穿过薄氧化层中的隧道到达浮栅区。导电载子(通常是金属电子)打破势垒限制从金属经过氧化层注入半导体中。这种机制导致金属氧化物半导

体界面以及氧化物本身发生消除,存储器逻辑门的宏观电子特性发生改变。因此,该类型的存储器有两个缺点:

(1) 随着时间的推移,耐擦写能力及数据的保持时间会改变,如果写循环操作次数太多,会降低存储器的使用寿命(通常大于 100 000 次)。

(2) 由于半导体导带电子注入机制,存在写入延迟。

研究更高的集成密度时,互补金属氧化物半导体(CMOS)存储器提供了新的体系结构和稳健性,特别是在设计低功耗电路方面,因为低功耗电路提高了存储器的耐擦写能力,因此改进了逻辑数据的处理时间。然而,由于编程机理的原因使得对写操作的访问受到限制。随后,出现了称为 FeRAM 的新型存储器,该类型存储器以压电陶瓷(Pbx Zr1-x Ti O3,PZT)薄膜和新近出现的 SBT(Sr Bi2 Ta2 O9)组成的铁电材料为基础,显著提高耐擦写能力和延迟特性(<100ns),并具有低功耗特点。该项技术为采用先进的半导体硅工艺制造的智能卡和 RFID 芯片提供了一种替代形式[PEA 07]。从工业和功能的观点来看,需要解决制造工艺、存储器容量和可靠性方面的问题,对于可靠性来说,现有的读取操作可能具有破坏性。与 FeRAM 存储器技术相比,如 MRAM 等其他存储器技术也是一种不错的选择。MRAM 存储器借助于材料的电磁极化进行工作,这些材料由人为交替放置的磁性金属和非磁性材料构成。MRAM 存储器具有磁阻特性(即在外部磁场的作用下会产生电阻的巨大变化)。MRAM 技术与 FeRAM 相比,其写入次数无限制,读取无破坏性。

新型的 FeRAM 和 MRAM 存储器结合了 SRAM、DRAM、EEPROM 和 FLASH 存储器的特性和优点,可以简化 RFID 芯片的体系结构。

2. 微处理器应答器

20 世纪 80 年代早期,为进行大规模生产而将微处理器与 NVM 存储器集成在同一 CMOS 上成为主要的集成难题,并被突显出来。伴随着 CMOS 电路全球范围内的发展,智能卡也随之发展起来。与通过有线连接逻辑存储器相比,微处理器智能卡在计算能力方面具有更多的资源和灵活性。它们可以触发内部线程来保护数据并且控制非易失性存储器的所有逻辑和电信号(特别是读/写操作)。安全芯片的主要指标是能抵御攻击,保护存储在非易失性存储器中的数据不被非法读取。由于受机械方面的限制,芯片的大小保持不变(25mm²),这些限制一方面是由于聚氯乙烯支撑材料的弯曲,另一方面是在物理上的安全性与器件的复杂性之间的折中考虑。

就硅技术而言,微处理器芯片设计解决了很多硬件难题,如新材料、电气和物理建模、集成了更加复杂的安全传感器的新架构、新型存储器、密码处理器和通信接口。这些技术被不断地丰富和更新(如 ISO-7816、ISO-14443、USB、NFC 等)。但是,能耗问题一直没有解决,这主要是因为它随着激活的逻辑门数量的增加而增大[在 CMOS 工艺中,动态能耗只发生在基本单元(反向门)的每一次状态转换中,其余的能耗称作静态能耗,这部分能耗实质上是由于漏电流产生]。在微处理器的 CMOS 电路中,每项技术进步使频率增加约 43%,而总容量和电源电压降低约 30%,电力供应减少约 50%。与此同时,新一代晶体管的密度加倍也提高了功率密度。因此,供电电流密度明显增加。人们应该对功耗进行估计,并在所有的设计层次上进行优化,尤其在系统级别上,通过确定每一时刻任务的执行速度来实现最优调度。有必要实现智能的能源管理和任务调度策略,尽可能与控制芯片所有模块架构的操作系统紧密联系起来。智能能源管理绝非简单地调节电力消耗,它必须根据各个模块的活动时间,合理分配各种电量(电流、电压和电荷),特别是在耗电高峰和待机模式。此外,在设计和制造应答器微型保护模块期间,应考虑并整合耗散功率的管理问题。

CMOS 电路起初是基于全局同步电路设计,其核心元件是一个单一时钟源。然而,近年来人们对 RFID 技术的研究热情高涨,已经开发了大量适用于 RFID 的同步电路。同步电路的形式并不是基于全局同步,而是在不同的逻辑块之间的局部同步。因此开发出了称作"握手"的通信协议,在不同逻辑块之间通过使用请求和确认来进行有效的数据交换。这种异步技术的优点主要是低功耗,因为每一电路模块都要等待合法的输入信号才能工作,因此能将电路模块的活动减少到最低。同时,由于本地操作在时间上随机进行,实现了低电磁发射,从而使功耗分析攻击(所谓的侧信道攻击)更加困难[CAU 05]。

2.1.4　能量和数据传输模式

1. 能量传输模式

在 ISM 频段,对于波长的分析要与操作频率相联系。一般来说,LF 和 HF 频段的波长约为 3000～3m,而 UHF 频段的波长可以达到 10cm。将常用的天线尺寸(通常是几厘米到 10cm)与其波长进行比较可以看出只有两种类型的电磁波:

(1) 在 RFID 系统中波长远大于天线的尺寸,电磁波表现为电感特性。当读写器天线靠近 RFID 芯片时,通过互感传递能量,由读写器产生的电磁场作为原级电路,通过电磁感应将电能注入 RFID 芯片天线组成的次级电路。

(2) 在 RFID 系统中,波长与天线大小在同一个数量级上,电磁波表现为辐射特性。在这种情况下,能量经读写器通过电磁波的形式进行传播。

许多标准规定了辐射的最大功率。在欧洲,欧洲无线电通信委员会(European Radiocommunications Committee,ERC)与欧洲电信标准协会(European Telecommunications Standards Institute,ETSI)在该问题上达成一致。一般的电源发射功率约为几百毫瓦,主要取决于应用程序环境、功率模块的限制、天线配置以及它们的电磁环境。

RFID 标签所需的电能在几十微瓦到 100mV 之间,这取决于逻辑门的数量、电路活动性和电路的体系结构。

根据应用实现方式和供电形式不同,传播模式可以分为以下 3 种。

(1) 无源。RFID 芯片由读写器发出的电磁波供电。

(2) 半无源。由电池辅助 RFID 芯片电路供电,在某种程度上提高了无线信号接收的灵敏度。事实上,限制 RFID 标签和读写器之间阅读距离的关键因素是能源收集和射频信号的灵敏性。芯片的设计通常基于能量收集的最大化和无线接收模块灵敏度之间的平衡。

(3) 有源。有源 RFID 芯片通过能量的逆反射(retro-reflection)来传输功率,而不是简单地对发射的电磁波进行逆反射,这样只有一部分波被芯片捕获。换句话说,有源电池可以补偿路径的损耗。与无源 RFID 标签相比,它可以使信号强度增加 20dBm,其电能的补充增大了工作区域,也包括在不利的电磁环境区域。然而,由于逆反射能量源的出现而产生干扰和无线电的倍增使得读写器定位芯片更加困难。在 UHF 频段有源传播中,通过协议或算法可以部分更正多路径接口的影响。但会引起包含在 CMOS 芯片电路中逻辑门的活动增大,从而增加了功耗。嵌入电池的使用寿命会发生变化,因此也限制了其应用的领域。

2. 数据传输模式

绝大多数的 RFID 标签都是被动的。在 LF 和 HF 频段主要采用磁场耦合。当 RFID 芯片被放入一个发射的磁场,它们将会被读写器看作负载,由于互感现象使其产生的电量发生变化。当供电充足的时候,RFID 芯片调节其负载,它的负载反过来调节读卡器发出的磁场以传输数据。负载特性可以是电阻或电容特性。大部分的射频识别芯片使用电阻负载的调制机理,如图 2.4 所示。

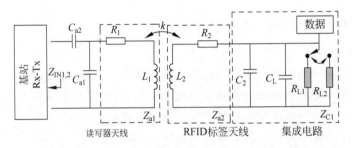

图 2.4 感应耦合和负载调制

在 UHF 频段,耦合感应具有电磁特性。当读写器发出的入射波遇到一个 RFID 障碍时,便会被反射。在这两种情况下有足够的入射功率并且考虑路径损耗,射频识别芯片根据它想要传输的数据调节其阻抗。芯片阻抗的变化可以是电阻性的、电容性的或两者兼而有之。依据被吸收的能量和被反射的能量之间的比例,通过对反射的电磁场进行调解,便可以将信息传播出去,如图 2.5 所示。

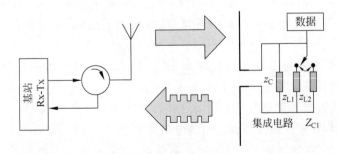

图 2.5 电磁耦合和阻抗调制

3. 数据和能量传输过程

依据 RFID 系统不同部件之间传递信息的位数和数量,可以对 RFID 系统进行分类。

信息的数据位数可以有1位和 n 位。

1）1位

基于RFID标签的二值检测原理（存在或缺失），RFID标签位于读写器的阅读区域之内，带有禁止选项（通常通过物理破坏标签的一个元件）。电子物品监控（electronic article surveillance, EAS）便是其中一种。对于LF或HF频段范围，主要基于互感原理，读写器产生频率扫描的磁场。在这种情况下，标签通常由一个简单的LC谐振电路组成。共振时，存在一个振荡使读写器中的振幅变化。振荡取决于芯片和读卡器之间的距离和天线的品质因数，如图2.6所示。

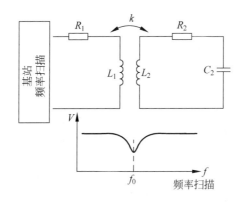

图2.6 感应耦合和谐振电路

同样在这个频率范围内，某些基于频率区分的EAS系统便会检测到，而其他采用铁磁合金的EAS系统会产生磁滞特性，如图2.7所示。

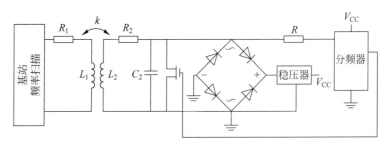

图2.7 感应耦合和频率区分

对于更高的频率范围，采用具有非线性电气特性的RFID组件（通常是一个变容二极管）。这些组件连接到被调整到UHF工作频率的天线上。在共振时，变容二极管产生电流，重新发送一个包含入射信号的谐波信号，读卡器负责检测反射信号的二次谐波，如图2.8所示。

注意，谐波的数量和强度取决于变容二极管所掺杂质的性质（或梯度）。

2）n 位

可以从工作过程来区分这两种类型。在第一种类型中，能量不断地从读写器传输到芯

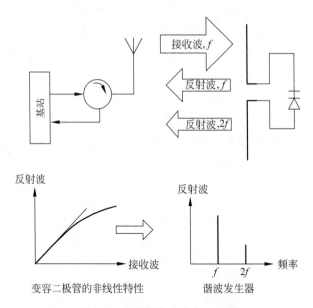

图 2.8　电磁耦合和变容二极管

片,不考虑数据流的交换。在第二种类型中,能量以同步方式从读写器传输到 RFID 芯片,但并不总以这种方式进行,可以说是与数据流交换串行传递。

　　RFID 系统在通信期间进行连续的能量传输,可以考虑按照数据交换的方式改善分类形式。读写器和 RFID 芯片之间的数据交换可以是同时的或交替的。

　　主要能量和数据传输模式有如下几种。

　　(1) 全双工(FDX)。在通信期间连续传输能量,在读写器和 RFID 芯片之间同时交换数据,如图 2.9(a)所示。对 LF 和 HF 频率范围,能量通过电感耦合进行传输,数据帧交换过程中不考虑它们在接收过程中的状态。读写器和 RFID 芯片同时具有接收器和数据发射器功能,在同一载波信号上需要将两个同步调制分离。一般来说,RFID 芯片创建了一个副载波,这个副载波能够在返回信道和前向信道之间产生频移。对于更高的频率范围,由于入射波和反射波的存在,对前向信号和返回信号的辨识,由读写器的定向耦合器实现。

　　(2) 半双工(HDX)。在通信期间连续传输能量,在读写器和 RFID 芯片之间交替传递数据,如图 2.9(b)所示。在这种情况下,反向通道载波是根据前向通道的变化来调节的。通信期间读写器和 RFID 芯片具有发射器和接收器的功能,通信过程取决于应用程序。HDX 通信形式的电路结构简单,虽然生产这种电路结构的价格可能更昂贵,因为在应答时一些芯片需要在外部具有存储能量的能力。

　　(3) 串行模式(SEQ)。能量转移不是连续的,而是定期发生的。数据从读写器发送到 RFID 芯片的同时,进行能量的传输,如图 2.9(c)所示。在数据传输过程中,读写器进行载波调制。当传输更多的数据时,发送到天线的载波就被终止了。这种数据和能量传输过程的主要优点是标签不需要接收固定的载波。相位和频率可以自由分配,并都受到了调节。

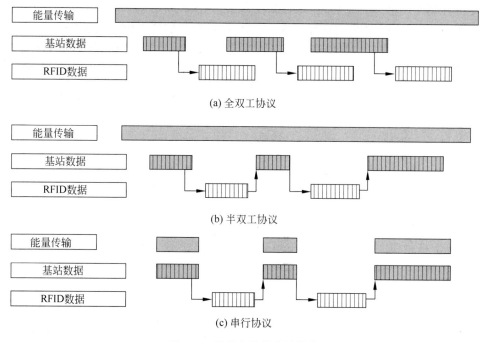

图 2.9　数据和能量传输模式

然而,反向通道在调制上增加的灵活性会导致标签的远程能源供应被终止,可以通过增加电容器或电池来缓解这种情况。这种协议经常用在只在反向通道进行通信的情况。该操作类型为执行向标签传递电能的第一步,标签接着使用存储的能量进行处理并响应读写器,采用较低的 HF 频率进行发射[CAU 05]。

2.1.5　RFID 芯片的特点

根据 RFID 标签的特点,可以将其分为以下五类。

(1) 类型 0。在这一类型中,RFID 芯片具有二进制检测功能(存在或缺失),但不提供任何标识数据的指示。它们主要用于电子物品监控(EAS)。这些芯片包含简单的无源元件,没有布线逻辑电路。

(2) 类型 1。RFID 芯片有识别功能,包含一个唯一的数据存储在只读存储器 WORM (write-once read-many)中。此类 RFID 标签通常是无源的,但也可能是半无源的,甚至有源的。

(3) 类型 2。RFID 芯片有可以用于改写和读取的内存,这些内存中的数据可以进行更新。因此,第 2 类芯片的主要特点是可追溯性,这是由于在相关生产步骤转换需要识别及更新数据时,芯片可以重复使用。

(4) 类型 3。RFID 芯片除了储存器外还包括传感器,传感器可以记录如温度、压力和加速度等数据。为了处理数据,传感器需要存储元件甚至在没有 RFID 读写器的情况下。

RFID芯片中需要嵌入电池,可以作为有源或半无源使用。

(5) 类型 4。RFID 芯片配备有传感器和储存器,有足够的资源来处理数据并且能够独立地通信以建立它们之间的无线自组织网络。它们主动发起通信,从功能的角度来看,这些芯片是"智能尘埃"(smart dust)范例的一部分。智能尘埃是由加州大学伯克利分校的研究人员开发的,其目标是开发一个具有数千个第 4 类 RFID 芯片节点的分布式网络。

2.2　传输通道

RFID 系统采用电磁传输通道(自由传播介质),该通道可以用麦克斯韦方程进行描述。

2.2.1　麦克斯韦方程

麦克斯韦方程描述了电磁场的性质。电磁场由空间上电荷分布随时间的变化而产生。可以用麦克斯韦-法拉第(Maxwell-Faraday)方程、麦克斯韦-安培(Maxwell-Ampere)方程、麦克斯韦-高斯(Maxwell-Gause)方程和磁通量守恒(Conservation of magnetic flux)方程表示,分别如下式表示:

$$\nabla \times \vec{E} = -\mu \cdot \frac{\partial \vec{H}}{\partial t} \quad (麦克斯韦 - 法拉第)$$

$$\nabla \times \vec{H} = \vec{J} + \varepsilon \cdot \frac{\partial \vec{E}}{\partial t} \quad (麦克斯韦 - 安培)$$

$$\nabla \cdot \vec{E} = \frac{\rho}{\varepsilon} \quad (麦克斯韦 - 高斯)$$

$$\nabla \cdot \vec{H} = 0 \quad (磁通量守恒方程)$$

式中　$\vec{E}$——电场强度(V/m);

　　　$\vec{H}$——磁场强度(A/m);

　　　$\vec{J}$——电流密度(A/m^2);

　　　ρ——电荷密度(C/m^3);

　　　μ——介质的导磁率(H/m);

　　　ε——介质的介电常数(F/m)。

这些方程之间具有本质的关系,都是描述材料内部场的行为:

$$\vec{D} = \varepsilon \cdot \vec{E}$$

$$\vec{B} = \mu \cdot \vec{H}$$

$$\vec{J} = \sigma \cdot \vec{E}$$

式中　$\vec{D}$——电通量密度(C/m^2);

　　　$\vec{B}$——磁通量密度(T);

　　　σ——材料的电导率(S/m)。

假定传播介质是各向同性的,因此导磁率 μ 和介电常数 ε 被视为标量。

在谐波分析中,频率为 ω 时,$\frac{\partial}{\partial t} = -\mathrm{j} \cdot \omega$,有如下方程:

$$\nabla \times \vec{E} = \mathrm{j} \cdot \omega \cdot \mu \cdot \vec{H}$$

$$\nabla \times \vec{H} = \vec{J} - \mathrm{j} \cdot \omega \cdot \varepsilon \cdot \vec{E}$$

这些麦克斯韦关系使我们能够确定 RFID 系统中电场和磁场的配置。

2.2.2　电偶极子产生的电磁场

考虑图 2.10 所示的电偶极子(也称为 Hertzian 偶极子),由基本长度为 $\mathrm{d}l$ 的电流段组成,流过的电流为 I,并假定分布均匀。

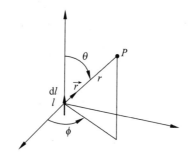

图 2.10　理想偶极子

可以计算电偶极子的辐射场,通常可以根据电荷和电流的分布在空间任意一点建立电势的标量和矢量方程。

β 是波数,由 $\beta = \frac{2 \cdot \pi}{\lambda} = \frac{\omega}{C}$ 确定。η_0 是真空中的阻抗,η_0 定义为

$$\eta_0 = \sqrt{\frac{u_0}{\varepsilon_0}} = 120 \cdot \pi$$

其中 β 和 η_0 是已知的。

在球坐标系中,由电偶极子所产生的电磁场的基本方程为

$$\vec{E}_r = -\frac{I \cdot \mathrm{d}l}{4 \cdot \pi} \cdot \eta_0 \cdot \beta^2 \cdot 2 \cdot \cos\theta \cdot \left[\frac{1}{(\mathrm{j} \cdot \beta \cdot r)^2} + \frac{1}{(\mathrm{j} \cdot \beta \cdot r)^3} \right] \cdot \mathrm{e}^{-\mathrm{j} \cdot \beta \cdot r} \cdot \vec{u}_r$$

$$\vec{E}_\theta = -\frac{I \cdot \mathrm{d}l}{4 \cdot \pi} \cdot \eta_0 \cdot \beta^2 \cdot \sin\theta \cdot \left[\frac{1}{(\mathrm{j} \cdot \beta \cdot r)} + \frac{1}{(\mathrm{j} \cdot \beta \cdot r)^2} + \frac{1}{(\mathrm{j} \cdot \beta \cdot r)^3} \right] \cdot \mathrm{e}^{-\mathrm{j} \cdot \beta \cdot r} \cdot \vec{u}_\theta$$

$$\vec{H}_\varphi = -\frac{I \cdot \mathrm{d}l}{4 \cdot \pi} \beta^2 \cdot \sin\theta \cdot \left[\frac{1}{(\mathrm{j} \cdot \beta \cdot r)} + \frac{1}{(\mathrm{j} \cdot \beta \cdot r)^2} \right] \cdot \mathrm{e}^{-\mathrm{j} \cdot \beta \cdot r} \cdot \vec{u}_\varphi$$

其中,$\vec{u}_r$、$\vec{u}_\theta$ 和 $\vec{u}_\varphi$ 是球坐标系下的方向向量。

2.2.3　磁偶极子产生的电磁场

考虑一个由电流环组成的磁偶极子,如图 2.11 所示,电流环的周长小于波长的 1/4,并

且假定电流 I 分布均匀。

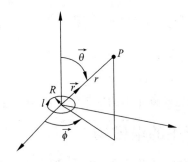

图 2.11　磁偶极子

电偶极子场辐射方程和磁偶极子场辐射方程具有对偶性。将电偶极子产生的场的表达式中的 E 改成 H，将电流单元 $I\mathrm{d}l$ 改成磁运动的 $I \cdot \pi \cdot R^2$，其中 I 是流经半径为 R 的初级线圈的电流，于是得到有磁偶极子场的表达式。

用球坐标系表示磁偶极子电磁场的基本方程为

$$\vec{H}_r = -\frac{\beta^2 \cdot \pi \cdot R^2 \cdot I \cdot \cos\theta}{2 \cdot \pi \cdot r} \cdot \left[\frac{1}{(\mathrm{j} \cdot \beta \cdot r)} + \frac{1}{(\mathrm{j} \cdot \beta \cdot r)^2}\right] \cdot \mathrm{e}^{-\mathrm{j} \cdot \beta \cdot r} \cdot \vec{u}_r$$

$$\vec{H}_\theta = -\frac{\mathrm{j} \cdot \beta^3 \cdot \pi \cdot R^2 \cdot I \cdot \sin\theta}{4 \cdot \pi} \cdot \left[\frac{1}{(\mathrm{j} \cdot \beta \cdot r)} + \frac{1}{(\mathrm{j} \cdot \beta \cdot r)^2} + \frac{1}{(\mathrm{j} \cdot \beta \cdot r)^3}\right] \cdot \mathrm{e}^{-\mathrm{j} \cdot \beta \cdot r} \cdot \vec{u}_\theta$$

$$\vec{E}_\varphi = \mathrm{j} \frac{\eta_0 \cdot \beta^3 \cdot \pi \cdot R^2 \cdot I \cdot \sin\theta}{4 \cdot \pi} \cdot \left[\frac{1}{(\mathrm{j} \cdot \beta \cdot r)} + \frac{1}{(\mathrm{j} \cdot \beta \cdot r)^2}\right] \cdot \mathrm{e}^{-\mathrm{j} \cdot \beta \cdot r} \cdot \vec{u}_\varphi$$

2.2.4　天线周围的场区

读写器发射天线周围的场区可以分成三个区域，如图 2.12 所示。

离天线最近的区域，当 $\beta \cdot r \ll 1$ 时，被称为瑞利区（Rayleigh Area）或"近场"区。R_1 表示近场区的边界，满足下述关系式：

$$R_1 \leqslant 0.62 \cdot \sqrt{\frac{D^3}{\lambda}}$$

离天线很远的区域，当 $\beta \cdot r \gg 1$ 时，被称为夫朗和费区（Fraunhofer zone）或"远场"区，其边界改用半径 R 来表示，满足下述表达式：

$$R \geqslant \frac{2 \cdot D^2}{\lambda}$$

菲涅尔区（Fresnel Area）是一个中间过渡的"近场"区，其边界符合下列方程：$0.62 \cdot \sqrt{\dfrac{D^3}{\lambda}} \leqslant R_2 \leqslant \dfrac{2 \cdot D^2}{\lambda}$，远场与近场之间的过渡区取决于天线的几何形状。

1. 近场区

对于电偶极子，在 $\beta \cdot r \ll 1$ 的近场区，电磁场表达式中的三阶因子占主导地位，$\mathrm{e}^{-\mathrm{j} \cdot \beta \cdot r}$ 趋向于 1。电磁场的基本方程可以化简为

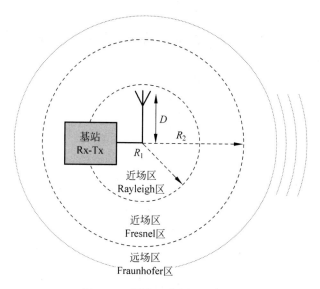

图 2.12　围绕天线周围的场区

$$\vec{E}_{r,\mathrm{NF}} = -\mathrm{j} \cdot \frac{I \cdot l \cdot \eta_0 \cdot \cos\theta}{2 \cdot \pi \cdot \beta \cdot r^3} \cdot \vec{u}_r$$

$$\vec{E}_{\theta,\mathrm{NF}} = -\mathrm{j} \cdot \frac{I \cdot l \cdot \eta_0 \cdot \sin\theta}{4 \cdot \pi \cdot \beta \cdot r^3} \cdot \vec{u}_\theta$$

$$\vec{H}_{\varphi,\mathrm{NF}} = \frac{I \cdot l \cdot \sin\theta}{4 \cdot \pi \cdot r^2} \cdot \vec{u}_\varphi$$

公式中的下标 NF 表示近场。

对磁偶极子来说,电磁场的基本方程可以化简为

$$\vec{H}_{r,\mathrm{NF}} = \frac{\pi \cdot R^2 \cdot I \cdot \cos\theta}{2 \cdot \pi \cdot r^3} \cdot \vec{u}_r$$

$$\vec{H}_{\theta,\mathrm{NF}} = \frac{\pi \cdot R^2 \cdot I \cdot \sin\theta}{4 \cdot \pi \cdot r^3} \cdot \vec{u}_\theta$$

$$\vec{E}_{\varphi,\mathrm{NF}} = -\mathrm{j} \cdot \frac{\eta_0 \cdot \beta \cdot \pi \cdot R^2 \cdot I \cdot \sin\theta}{4 \cdot \pi \cdot r^2} \cdot \vec{u}_\varphi$$

在近场区,会看到 $\vec{E}_{\mathrm{NF}}$ 和 $\vec{H}_{\mathrm{NF}}$ 之间有 90°的相移,表明在天线和外部环境之间发生了感应(储存的能量远大于辐射的能量)能量交换。此外,$\vec{E}_{\mathrm{NF}}$ 和 $\vec{H}_{\mathrm{NF}}$ 的变化规律不同。

(1) 对于电偶极子,在极坐标平面$(\vec{\theta},\vec{r})$内,电场起主导作用。它以 $1/r^3$ 进行变化,类似一个静态电偶极子。磁场在横向平面可以忽略不计(它以 $1/r^2$ 进行变化)。除了少数使用电耦合实现无源应答器的特殊应用外,电偶极子在近场区的行为较为次要。

(2) 对于磁偶极子,在$(\vec{\theta},\vec{r})$平面磁场占主导地位。电场部分在横向平面可以忽略不计。该属性被当作一种优势,尤其在互感的能量传输机制中。

2. 远场区

对于电偶极子来说,在 $\beta \cdot r \gg 1$ 的远场中,电磁场方程组中一阶因子占主导地位。电磁场的基本方程为

$$\vec{E}_{\theta,\mathrm{FF}} = \mathrm{j} \cdot \frac{I \cdot l \cdot \eta_0 \cdot \sin\theta \cdot \beta}{4 \cdot \pi \cdot r} \cdot \mathrm{e}^{-\mathrm{j} \cdot \beta \cdot r} \cdot \vec{u}_{\theta}$$

$$\vec{H}_{\varphi,\mathrm{FF}} = \mathrm{j} \cdot \frac{I \cdot l \cdot \beta \cdot \sin\theta}{4 \cdot \pi \cdot r} \cdot \mathrm{e}^{-\mathrm{j} \cdot \beta \cdot r} \cdot \vec{u}_{\varphi}$$

其中,下标 FF 表示远场。

对于磁偶极子来说,远场区电磁场的基本方程为

$$\vec{H}_{\theta,\mathrm{FF}} = -\frac{\beta^2 \cdot \pi \cdot R^2 \cdot I \cdot \sin\theta}{4 \cdot \pi \cdot r} \cdot \mathrm{e}^{-\mathrm{j} \cdot \beta \cdot r} \cdot \vec{u}_{\theta}$$

$$\vec{E}_{\varphi,\mathrm{FF}} = \frac{\eta_0 \cdot \beta^2 \cdot \pi \cdot R^2 \cdot I \cdot \sin\theta}{4 \cdot \pi \cdot r} \cdot \mathrm{e}^{-\mathrm{j} \cdot \beta \cdot r} \cdot \vec{u}_{\varphi}$$

在远场区,$\vec{E}_{\mathrm{FF}}$ 和 $\vec{H}_{\mathrm{FF}}$ 代表典型的平面波特性:

(1) 二者相位相同。

(2) 两者均以 $1/r$ 变化。

(3) 二者相互正交。

(4) 矢量 $(\vec{E}_{\mathrm{FF}}, \vec{H}_{\mathrm{FF}})$ 构成的平面垂直于传播方向。

2.2.5　波阻抗

E/H 具有阻抗的量纲,定义为波阻抗,阻抗的大小取决于它位于距离场区的远近。在电偶极子或磁偶极子中,波阻抗在远场区有一极限,是波阻抗在自由空间的阻抗值,即之前定义的 $\eta_0 = \sqrt{\dfrac{\mu_0}{\varepsilon_0}} = 120 \cdot \pi = 377\Omega$,如图 2.13 所示。

在瑞利近场区中:

(1) 电偶极子呈现的波阻抗 η 比真空中的高,其公式为

$$\eta = \frac{\eta_0}{\beta \cdot r}$$

(2) 相反,磁偶极子呈现的波阻抗 η 比真空中小,其公式为

$$\eta = \eta_0 \cdot \beta \cdot r$$

在夫朗和费远场区,电偶极子和磁偶极子的波阻抗收敛于一个极限,即真空中的阻抗 η_0。

瑞利区和夫朗和费区的边界是 $\lambda/2\pi$,对应于前面观察到菲涅尔区的过渡带。

波阻抗的相位显示近场的感应特性和远场的辐射特性。此外,在近场区磁偶极子的波阻抗的相位是正的,这说明我们期望最大化的电感耦合占主导的性质。另外,电偶极子的波

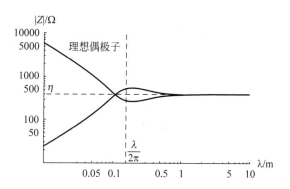

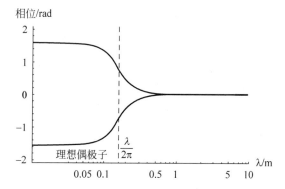

图 2.13　波阻抗(模和相位)与天线距离的关系

阻抗的性质为电容耦合,我们期望该特性能够最小化,除了特殊的情况与非常用的应用和技术。

2.2.6　天线阻抗

天线是电磁扰动部件,可以对辐射能量进行感应或辐射,其形状可以是导线或线圈形式。天线是一种阻抗变换器,在导波介质和自由传输媒介之间构成了一个转换装置。为了获得最大的转换效率,需要对两种媒介进行调整。

天线品质的调整取决于它的几何和供电模型,可以用它的输入阻抗 Z_{IN} 来表示。输入阻抗由代表储存能量的感应电抗和电阻的结合,而电阻代表了损耗。

$$Z_{IN} = R_{radiative} + R_{ohmic} + j \cdot X$$

欧姆电阻实际上是由于集肤效应(skin effect)现象引起的。事实上,在高频中,电信号不会均匀地在导体横截面上传播,它们分散在导体表面,如图 2.14 所示。从导体表面到内部,电流密度呈指数形式降低。集肤效应用厚度 δ 来表示,δ 与 $1/\sqrt{f}$ 成正比,f 是电信号的频率。频率越高,集肤效应 δ 越小,导体截面的阻抗也会越大。

辐射阻抗具有辐射损耗的特性,由天线的几何形状和电磁信号波长决定。

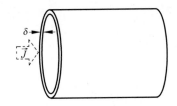

图 2.14　圆柱形导体的集肤效应($\vec{J}$表示电流密度)

2.2.7　辐射能量

坡印廷(Poynting)公式$\vec{P} = \dfrac{1}{2} \cdot (\vec{E} \otimes \vec{H}^*)$表明了传播方向。坡印廷矢量通过下式给出了辐射功率密度P_t:

$$p = |\vec{P}| = \frac{1}{2} \cdot |\vec{E}| \cdot |\vec{H}|$$

假定$p = 15 \cdot \pi \cdot \dfrac{I^2 \cdot \mathrm{d}l^2 \cdot \sin^2\theta}{\lambda^2 \cdot r^2}$，辐射能量可以计算为$P_t = \iint p \cdot \mathrm{d}S$，其中 dS 是球坐标系中的面积元。最终得到

$$P = 40 \cdot \left(\frac{\pi \cdot I \cdot \mathrm{d}l}{\lambda} \right)^2$$

坡印廷矢量也可以写作$\tilde{P} = P + \mathrm{j} \cdot Q$。其中，$P$是有功功率(或辐射)；$Q$是无功功率。在近场中，无功功率占主要地位；在远场中，有功功率占主要地位，无功功率为 0。

根据天线周围场区不同，辐射功率密度可以是:

(1) 在瑞利区(近场区)为常数。

(2) 在夫朗和费区(远场区)呈下降趋势。

(3) 在菲涅尔区呈波动状态。

2.2.8　近场耦合

正如前面所讨论的，在近场区域，电场由磁场中解耦，一种场起主导作用，另一种场就要依赖天线的性质和配置。对于电流环来说，磁场占据主导地位，而电偶极子中电场占主导地位，根据对偶性原理状态发生了转换。因此，在进行远距离功率传输时，可以利用电容与电场的相互作用通过电场耦合实现，或者利用电感与磁场的相互作用通过磁场耦合来实现。

RFID 技术非常广泛地使用电感耦合，这里将详细论述。

1. 电感耦合

储存在磁场中的能量可以通过电磁感应转换为电位差:穿过闭合回路的磁场会在回路内产生电动势。下面先来看一下麦克斯韦-法拉第方程:

$$\nabla \times \vec{E} = -\mu \cdot \frac{\partial \vec{H}}{\partial t} \quad (\text{麦克斯韦 - 法拉第})$$

变化的磁场产生电动势:

$$e = -\frac{\partial \Phi}{\partial t}$$

式中

$$\Phi = -\mu \cdot \oint_s H \cdot dS$$

Φ 是面积 S 上的磁场产生的磁通量,则电动势的表达式为

$$e = -\mu \cdot \frac{\partial}{\partial t}\left(\oint_s H \cdot dS\right)$$

正如之前所看到的,电流环可以产生磁场。当再增加一个环时,这个环在磁场中便会产生电动势,进而产生电流。这是 RFID 技术在近场区中的基本操作原理,近场区中,ISM 频率范围低于 135kHz 或等于 13.56MHz。需要注意的是,根据楞次定律(Lenz's law)可知,感应电场在它的转换中产生了对抗感应区域的磁场。

2. 自感

两个耦合的磁回路,第一个回路产生的场在第二个回路中产生磁通量,反之亦然,如图 2.15 所示。

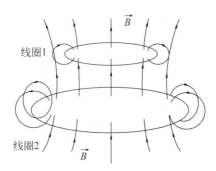

图 2.15 线圈 1 和线圈 2 之间的互感

两个回路产生的穿过自身面积的磁通量分别表示为 Φ_{11} 和 Φ_{22}。流经回路 1 的电流 I_1 产生磁场为 H_1,该磁场穿过回路 2 的磁通量为 Φ_{12};流经回路 2 的电流 I_2 产生磁场为 H_2,该磁场穿过回路 1 的磁通量为 Φ_{21}。

每个回路的自感分别被定义为

$$L_1 = \frac{\Phi_{11}}{I_1} = \mu \cdot \frac{\oint_{s_1} H_1 \cdot dS_1}{I_1}$$

$$L_2 = \frac{\Phi_{22}}{I_2} = \mu \cdot \frac{\oint_{s_2} H_2 \cdot dS_2}{I_2}$$

基于回路的形状,根据这些公式可以计算这些天线的电感。然而,对于复杂的天线形状,可能难以具体分析,通常提供半经验表达式。

这里提出了几个半经验公式来计算电感。电感 L 的单位是微亨（μH），尺寸的单位是厘米（cm），L_0 代表宽度为无穷小的电感。

对圆形导线构成的圆形线圈，如图 2.16(a)所示。

$$L = 0.002 \cdot \pi \cdot D \cdot \left[\ln\left(\frac{8 \cdot D}{d}\right) - 1.75\right]$$

对矩形界面的矩形线圈，如图 2.16(b)所示。

$$L = 0.004 \cdot \left[a \cdot \ln\left(\frac{2 \cdot a \cdot b}{c \cdot (a+b)}\right) + b \cdot \ln\left(\frac{2 \cdot a \cdot b}{c \cdot (b+d)}\right) + 2 \cdot d - \frac{a+b}{2} + 0.447 \cdot (c+h)\right]$$

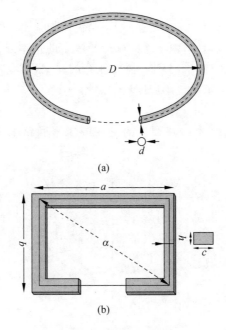

(a)

(b)

图 2.16　圆形和矩形线圈

3. 互感

如图 2.17 所示，将回路 1 在回路 2 上的互感和回路 2 对回路 1 的互感定义为

$$M_{12} = \frac{\Phi_{12}}{I_1} = \mu \cdot \frac{\oint_{S_2} H_1 \cdot dS_2}{I_1}$$

$$M_{21} = \frac{\Phi_{21}}{I_2} = \mu \cdot \frac{\oint_{S_1} H_2 \cdot dS_1}{I_2}$$

线圈总的磁通量 Φ 与回路 2 上的磁失位 A_1 有关，这是由于流过回路 1 的电流与回路 2 产生了交链的磁链，表示为 $\Phi = \oint_2 A_1 \times dl_2$。互感通过下式计算：

$$M_{12} = \frac{\mu_0}{4 \cdot \pi} \cdot \oint_{C1} \oint_{C2} \frac{dl_1 \cdot dl_2}{r_{12}} \quad \text{(Neumann)}$$

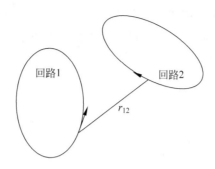

图 2.17   两个回路之间的互感

在这个例子中,因为存在对称性,可知 $\Phi_{12}=\Phi_{21}$,因此 $M_{12}=M_{21}=M$。

互感的计算是很困难的,因为它必须考虑线圈的匝数、几何形状及其空间位置相互影响。分析方程很难,经常需要半经验的方法。

4. 耦合系数

确定两个线圈的磁通量要比确定互感更容易,这种特性可以借助于耦合系数 $k=\dfrac{\Phi_{12}}{\sqrt{\Phi_{11}\cdot\Phi_{22}}}$ 或 $k=\dfrac{M}{\sqrt{L_1\cdot L_2}}$ 给出。

由于互感的存在,应答器会由读写器作为负载而检测到。根据读写器天线与应答器的耦合作用,会在读写器天线输入上引起或多或少的不匹配。因此,在 RFID 标签和读写器天线的设计和尺寸调整时,确定耦合系数是非常重要的一步。耦合系数用来量度从读写器传输到 RFID 芯片上能量的数量。

2.3 电感耦合的电路模型

通过天线的配置,读写器与 RFID 应答器形成两个耦合的谐振系统。在这样的系统中,读写器和 RFID 应答器天线的谐振频率是相互关联的,如图 2.18 所示。

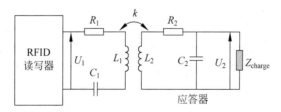

图 2.18   读写器与 RFID 应答器之间的电路模型

在读写器(或基站)一侧,串联谐振系统(R_1,L_1,C_1)在谐振时将产生最大电流 i_1,这个电流产生磁场(电场忽略不计)。随时间和空间变化的磁场将在应答器的天线中产生电动势,从而在应答器天线中产生电流 i_2,该电流反过来会产生一个与基站磁场反向的磁场(楞次定律)。应答器负载可以对场进行调节,当并联电路(R_2,L_2,C_2)谐振时,由负载 Z_{charge} 衡量的加载到芯片上的电压将达到最大。

该电路可用双绕组变压器建模。在变压器模型中,原边代表读写器天线,副边代表应答器天线,二者的耦合系数为 k。

2.3.1 磁回路

磁回路的电气模型如图 2.19 所示。该磁回路可以产生电场或收集磁通量,可以表示为一个电阻串联一个电感再与一个电容并联的电路,电阻会产生欧姆损耗,电感为自感,而电容可以看作耦合电容,来自与天线相连的电路。在工作频率下,由辐射电阻产生的损耗与欧姆电阻产生的损耗相比可以忽略不计。

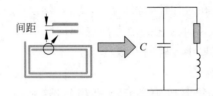

图 2.19　磁回路天线

磁回路阻抗 Z_{ML} 的表达式为

$$\frac{1}{Z_{ML}} = \frac{1}{R + \mathrm{j} \cdot \omega \cdot L} + \mathrm{j} \cdot \omega C$$

磁回路的谐振频率可以通过模型计算和阻抗 Z_{ML} 的相位(为 0)推出,得到

$$f_{BM,0} = \frac{1}{2 \cdot \pi} \cdot \sqrt{\frac{1}{L \cdot C} - \frac{R^2}{L^2}}$$

在有感应线圈的 RFID 系统中,对谐振频率的计算不是很重要,因为它取决于其他感应电路的互感。在天线设计过程中,应该考虑场中其他卡的存在。若场中有多个卡,则总体的互感增加,总体的谐振频率降低。此外,谐振频率和品质因数 Q 与接收功率以及芯片电路活动状态有关。

2.3.2 基站天线

基站(或 RFID 读写器)向 RFID 芯片传递能量和数据。从操作角度而言,基站的性能取决于天线尺寸、天线调整、天线的带宽和品质因数、发射功率、电磁环境影响。

天线尺寸受到多种因素的制约,如采用的规范、除了外观审美之外会影响材料性质的应用环境、封装和形状参数等。RFID 读写器天线与标签天线之间的耦合决定了从读写器远距离传输到 RFID 芯片的能量的大小,也在很大程度上依赖于天线配置。

出于实际考虑,如 RFID 电子元件的通用性,需要将读写器天线的阻抗调整到 50Ω 以连接到基站功率发射级。天线的调整电路种类很多,可以记住一些典型的阻抗调整电路。图 2.20 所示是一种电容桥阻抗调整电路。

天线的输入阻抗 Z_{IN} 为

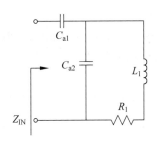

图 2.20 电容桥阻抗调整电路

$$Z_{IN} = \frac{1}{j \cdot \omega \cdot C_1} + \frac{1}{j \cdot \omega \cdot C_2 + (R_1 + j \cdot \omega \cdot L_1)}$$

当电路谐振时想要使 $Z_{IN} = R_e = 50\Omega$，需要按照下述条件来调整电容 C_{a1} 和 C_{a2}：

$$C_{a1} = \frac{\sqrt{R_1}}{\omega} \cdot \frac{1}{\sqrt{R_e \cdot (R_1^2 - R_1 \cdot R_e + \omega^2 \cdot L_1^2)}}$$

$$C_{a2} = (R_e - R_1) \cdot \left(\omega^2 \cdot L_1 \cdot R_e + \frac{R_1}{C_{a1}} \right)$$

在某些情况下，使用的天线在结构上是对称的，但天线连接到了非对称的连线上。也可以使用巴伦（balun）平衡不平衡转换器来克服该问题，通过将流过天线中的两股电流对称来实现。

调整好功率后，下一步就是确定过电压（品质）因数 Q。过电压因数 Q 用来修正与 RFID 芯片通信的带宽大小。品质因数也在确保没有信号变形的情况下接收和传输数据。

谐振电路的品质是通过谐振电路储存的有用能量与每个周期内消耗的能量的比值来确定，即

$$Q = 2 \cdot \pi \cdot \frac{储存的能量}{每个周期内消耗的能量}$$

为保证通信正常，天线的最大品质因数 Q_1 应该允许 $-3dB$ 带宽，以使包含有载波信号的频率能够通过，即载波与调制边带（sideband）。带宽 BW_1 表示为

$$BW_1 = \frac{f_0}{Q_1}$$

式中 f_0——电路的谐振频率。

假设二进制信号为方波，占空比为 50%，则二进制信号的基本频率需等于带宽的一半，即

$$2 \cdot R = BW_{1,min}$$

式中 R——二进制吞吐量。

因此

$$Q_{1,max} = \frac{f_0}{2 \cdot R}$$

例如，当载波频率为 $13.56MHz$，吞吐量为 $106kbps$ 时，得到的系数为 64，而当吞吐量

变为 848kbps 时,得到的系数仅为 8。

还应该考虑影响天线电路脉冲响应的其他参数。例如:

(1) 在 100％调制与 0％调制时的载波截止。

(2) 10％调制时的快速变化。

事实上,在瞬态模式中,适用电容桥磁回路的传输方程有一个简化形式:

$$H(j \cdot \omega) = \frac{A_0 \cdot p}{\omega_0^2 + 2 \cdot \Delta \cdot p + p^2}$$

式中

$$p = j \cdot \omega$$

$$A_0 = \frac{C_{a1}}{L_1 \cdot (C_{a1} + C_{a2})}$$

$$\omega_0 = \frac{1}{\sqrt{L_1 \cdot (C_{a1} + C_{a2})}}$$

$$\Delta = \frac{R_1}{2 \cdot L_1}$$

电路的时间常数 θ 为

$$\theta = \frac{1}{\Delta} = \frac{2L_1}{R_1} = \frac{Q_1 \cdot T_0}{\pi}$$

式中 T_0——信号周期。

当给传输天线的电路施加一个电压阶跃时,它的脉冲相应 $I(t)$ 将会产生振荡,并一直持续到终值:

$$I(t) = I_{max} \cdot e^{-\Delta \cdot t} \cdot \cos\omega \cdot t$$

当 $t = 3 \cdot \theta, I = 5％I_{max}$ 时,可以计算出能够通过脉冲宽度 T_0 的天线的因数 Q_1。

因数 Q_1 确定后,下一步是要设计天线的 RLC 值,主要是根据基站的输出级以及环境进行设计,如图 2.21 所示。

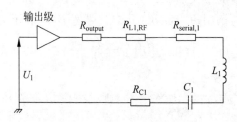

图 2.21 基站天线电路

天线的品质因数取决于 R_1,由关系式 $Q_1 = \frac{\omega L_1}{R_1}$ 确定。R_1 是由天线不同部分的电阻构成,包括连接到天线上的 RF 功率级的输出电阻,以及金属环境下 Foucault 漏电流引起的损耗等,即

$$R_1 = R_{output} + R_{L1,RF} + R_{serial,1} + R_{C1}$$

电阻 R_1 中的各分项含义为：

（1）R_{output} 是连接到天线上的 RF 功率级的输出电阻。

（2）$R_{L1,RF}$ 是由于 Foucault 电流泄漏产生的部分损耗电阻，在金属壁接近基站天线时会产生 Foucault 电流。

（3）$R_{serial,1}$ 为包括集肤效应的天线串联电阻。

（4）R_{C1} 是天线调谐电容器的寄生电阻。与天线中其他的电阻部分相比，这部分电阻通常忽略不计。

一旦调整了天线的特征阻抗（50Ω），过压系数由所需带宽确定下来。下一步是确定流过磁场中发射器基站天线的最大电流。

谐振时，磁回路电路的性质如同一个纯电阻，所消耗的能量为

$$P_1 = R_1 \cdot I_1^2$$

该电路构成了基站的功率级。其中，I_1 是流过天线的电流。通过引入 $Q_1 = \dfrac{\omega \cdot L_1}{R_1}$，可以得到如下关系式：

$$I_1 = \sqrt{\frac{P_1 \cdot Q_1}{\omega \cdot L_1}}$$

电流 I_1 应该作为天线的电参数的函数进行控制，读写器天线输出功率级的发射功率应满足应用需求、金属环境及天线的电标准约束所要求的规范。

对于金属环境，靠近金属的外部磁场容易诱发 Foucault 电流。这些电流造成损耗以及天线失配，进而会减弱磁场，缩短读写器与 RFID 标签耦合的操作区域，并使数据传输错误率增大。通常，金属壁应尽量位于操作区域之外，否则，需要采用铁氧体进行保护。但不管在什么情况下，天线都需要进行调整，如图 2.22 所示。

2.3.3 RFID 芯片天线

RFID 芯片从 RFID 读写器中接收能量和数据。在读写器的操作区域，必须考虑下列约束：

（1）在欧洲电信标准协会（ETSI）和联邦通信委员会（FCC）规定的无线电标准范围内，RFID 标签必须恢复由 RFID 读写器通过载波频率 f_c 发射的能量。

（2）当能量足够为 RFID 芯片供电后，RFID 芯片的射频接收和数字模块开始接收和处理读写器传输的数据。RFID 芯片根据其逻辑状态图，按照数据传输速率调节负载进行响应，并建立了多路副载波（sub-multiple sub-carrier）调制频率 f_c。首先，设想去确定应答器天线的电参数以确保正确的数据传输，传输的数据存在于围绕载波频率的负载调制所产生的边带（sideband）内。但是出于某些原因，如果有多个应答器并列放置，将会产生更强的互感，反过来会使所有应答器谐振频率下降。在有些情况下，会导致低于谐振频率或低于下边带，扰乱应答器正确接收来自 RFID 读写器的信号。因此，它只能接收比负载频率高的边带中传输的信号。另外，通常在计算应答器天线的电参数时，要求把应答器天线频率调整到高

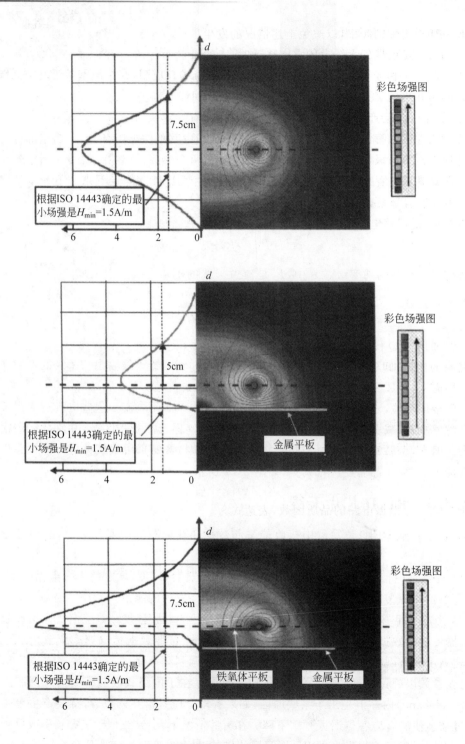

图 2.22　真空中金属壁和铁素体保护存在时的磁场分布

于载波和上边带的频率,以避免上述情况的发生。

(3)当应答器在读写器区域内移动时,天线上的电压将会产生很大的变化。为避免过电压以及电压和电流的波动,芯片的集成电路中包含了一个整流电路,该整流电路可以通过应答器负载阻抗 Z_L 的变化进行建模。谐振频率同样会受到影响。此外,在给定的接收功率下,天线本身也会产生损耗,主要是欧姆损耗,还有一些来自整流电路的损耗。由于二极管具有非线性电阻特性,整流电路引起的损耗不能通过分流电阻来估算。

应答器第一级电路如图 2.23 所示。它包括两个部分,一部分是并联的 RLC 电路,与天线及芯片调谐电容构成谐振电路;另一部分电路由 RFID 芯片的等效部件组成。

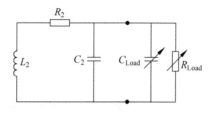

图 2.23 应答器电路

品质因数 Q 代表谐振电路的性能,它等于谐振电路中储存的有用能量与每个周期内消耗能量的比值,即

$$Q = \omega \cdot \frac{储存的能量}{每个周期内消耗的能量}$$

应答器天线的磁回路电路可以等价于一个 $R_p L_2 C_2$ 的并联电路。事实上,根据 RLC 网络的串联/并联转换规则,可以将 R_2 看作与其余电路并联的等效电阻 R_p,则谐振时的电阻 R_p 为

$$R_p = R_2 \cdot (Q_0^2 + 1)$$

式中　Q_0——谐振电路的品质因数,表达式为

$$Q_0 = \frac{\omega \cdot L_2}{R_2}$$

假定储存在电压为 V_{chip} 的谐振电路天线中的能量为 E_{em},则 E_{em} 可以写为

$$E_{em} = \frac{1}{2} \cdot C_2 \cdot V_{chip}^2$$

总耗散功率 $P_{total \cdot dissipated}$ 分为两部分,即天线中耗散的功率 P_0 和芯片激活时的耗散功率 $P_{active \cdot chip}$。芯片激活是指芯片执行一定的功能,如电源供应及整流、模拟与数字信号处理、读写 NVM 存储器、负载调制等。

$P_{total \cdot dissipated}$ 表示为 $P_0 + P_{total \cdot dissipated}$,也可以表示为

$$P_{total \cdot dissipated} = \frac{\omega}{Q_{total}} \cdot \frac{1}{2} \cdot C \cdot V_{chip}^2$$

当芯片没有被激活时,即电压低于状态机时序或芯片最小激活模式所需的开启电压,可以认为芯片未激活时的耗散功率为 0,即 $P_{puce \cdot active} = 0$。

这种情况下 P_0 可以由下述公式确定：

$$P_0 = \frac{\omega \cdot C_2 \cdot V_{\text{chip}}^2}{2 \cdot Q_0}$$

则可以计算出 $P_{\text{active} \cdot \text{chip}}$：

$$P_{\text{active} \cdot \text{chip}} = \frac{\omega \cdot C \cdot V_{\text{chip}}^2}{2} \cdot \left(\frac{1}{Q_{\text{total}}} - \frac{1}{Q_0} \right)$$

设定

$$P_{\text{active} \cdot \text{chip}} = \frac{1}{Q_{\text{total}}} - \frac{1}{Q_0}$$

可以得到关系式

$$Q_{\text{active} \cdot \text{puce}} = \frac{\omega \cdot C_2 \cdot V_{\text{active} \cdot \text{chip}}^2}{2 \cdot P_{\text{active} \cdot \text{chip}}}$$

通常，在 RFID 组件的说明书中，只给出最小和最大电参数，这些电参数不足以确定有功功率，RFID 天线的设计应该有一个与电参数相关步骤，用以测量芯片在一些基本状态下的有功功率，如空闲、激活模式、存储器读写等状态。

2.3.4　RFID 天线在电感耦合中的设计问题

基于互感的操作原理，当应答器处于读写器的操作范围，并进入读写器发射的磁场中时，它表现为阻抗负载。不管应答器是否处于激活状态，其阻抗实部与虚部会根据耦合发生变化，如图 2.24 所示。

负载的变化取决于接收功率、执行的操作系统（或状态机）、写入 NVM 内存的步骤，或负载调制等。芯片负载不能仅用一个分离电阻与一个负载电容相连来表示其电学特性，因为还包含有源部件，而这些有源部件具有非线性感应电量，如电流和电压。因此说天线设计是十分复杂的。

不过，考虑功率传输和数据传输的问题，设计天线时有几个原则性步骤是可以确定的。

(1) 确定操作区域以及读写器/RFID 应答器天线的初始结构。在这一步骤中，需要考虑一些参数，包括最小和最大操作距离、环境约束和基站天线的几何尺寸个配置等。环境约束包括金属或非金属、机械性能、温度等，而基站天线参数主要指 R_1、L_1、C_1 以及外部尺寸等。还要考虑数据处理的吞吐量、处理时间等电气参数，以及 RFID 操作的电气特性，如最佳模式和最不利模式。

(2) 根据操作区域中不同的天线配置来确定耦合系数 k。这是天线设计中的一个必要步骤，因为它决定了远距离能量传输的大小。耦合系数也影响互感电路的谐振频率，同时，也将影响 RFID 系统的频带。这可以由实验或数值分析确定，如图 2.25 所示。

在实验测量中，应当可以调整发生器的振幅，使得发生器不能给 RFID 芯片供电，并保持在高阻状态。下面的电路被用作"tampon 电路"，因此天线不会被干扰。耦合系数可以通过下式计算：

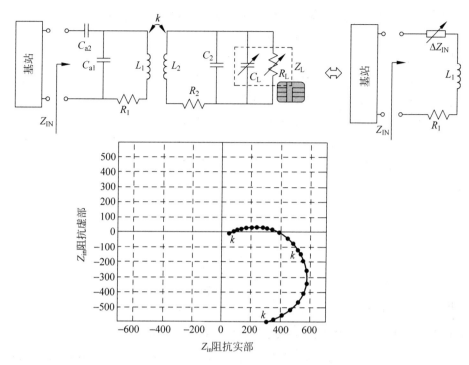

图 2.24　应答器负载阻抗随耦合的变化

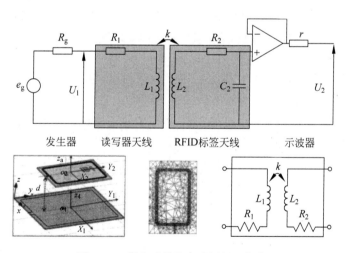

图 2.25　耦合系数的实验测量和仿真

$$k = A_k \cdot \frac{U_2}{U_1} \sqrt{\frac{L_1}{L_2}}$$

式中　A_k——修正系数,修正探针、电线和示波器产生的影响,还可以在数值模拟中模拟操作区域中的耦合系数[COL 04]。

读写器和 RFID 应答器的两个天线组成一个四元等效阻抗矩阵,可以表示为

$$Z = \begin{bmatrix} R_1 + \mathrm{j} \cdot \omega \cdot L_1 & \mathrm{j} \cdot \omega \cdot M \\ \mathrm{j} \cdot \omega \cdot M & R_2 + \mathrm{j} \cdot \omega \cdot L_2 \end{bmatrix}$$

式中　M——互感。

必须在不同的天线配置和位置中确定矩阵 Z。数值分析使用矩量法,基于电磁积分方程的数值解析。在电磁积分方程中,表面电流密度是未知参数。在任意形状的表面进行三角网格划分之后,用三角形之间的常见边界来定义基本方程(有限方程),使用 RWG(Rao-Wilton-Glisson)基函数确定表面的电流密度。接下来,通过对势矢量(A)和标量(V)的整合与分解,推导出导纳矩阵代数形式[$YV=I$],阻抗矩阵 Z 由矩阵 Y 求逆得到。

矩阵 Z 的表达式为

$$\begin{bmatrix} Z_{11} & Z_{12} \\ Z_{21} & Z_{22} \end{bmatrix}$$

从 Z 矩阵可以推导出 k 的关系式为

$$k = \frac{\mathrm{Im}(Z_{12})}{\sqrt{\mathrm{Im}(Z_{11}) * \mathrm{Im}(Z_{22})}}$$

通过这一步骤,期望能够确定耦合系数 k 可接受的变化范围,接下来再确定 RFID 芯片天线终端接收到的电压,该电压为读写器天线电参数(电流或电压)的函数。芯片终端的电压变化十分关键,尤其在过电压或信噪比太低以至于不能确保读写器与 RFID 芯片之间可靠通信的情况下。此时,这些电压变化应当满足 RFID 标准所规定的电气规范。

对于可靠性高的能量传输,可以确定电参数(通常为读写器天线电压)对输出电参数(通常是流过芯片的电压)的传输函数,然后,跟踪这些传输函数的变化来关注变化小的区域。

(1)确定传输过程中的非接触功能特性及功耗测量,包括带有加密功能的读写命令。这是尽力确定 RFID 芯片电性能的基本步骤,由于 RFID 芯片的电性能是非线性的,给该步骤实施造成了困难。通过建立一个电路模型,可以表示芯片在最优和最差状态(与分布的磁场线相连,在操作区域发生耦合)时的数据处理。

图 2.26 给出了 RFID 电路模型的一个例子。

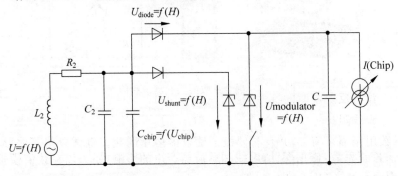

图 2.26　RFID 芯片的等效电路

这一步的预期结果主要是确定 RFID 芯片的全部品质系数以及感应到读写器天线的电荷效应。

（2）确定最优操作区。读写器天线发射的场在符合 ISO 标准确定的区间规定的情况下，选择电参数耦合系数的变化范围，保证芯片的电源供应（电流与电压）。根据上一步定义计算，对于与定义的操作模式相对应的给定电压变化范围，可以画出满足选定标准的曲线 (R_2, L_2)。这一步需要根据电学与通信考虑活跃芯片总体品质因素，要保证与吞吐量对应的数据传输。

2.3.5　远场耦合

根据传输线理论，UHF RFID 系统遵循电报员方程（of telegraphists）。该理论表明，工作频率的波长与天线尺寸大小在同一数量级上时，入射电波和反射电波同时存在。可以利用波功率形式，通过散射参数 S 进行测量[GHI 08]。

1. 反射系数

在电压—电流场中，偶极子天线具有阻抗 Z（电压和电流的比值），其形式上等价的 S 参数称为反射系数 Γ，反射系数 Γ 是反射波与入射波的比值，表示偶极子 Z 反射的部分能量，如图 2.27 所示。

$$| \Gamma |^2 = \frac{P_r}{P_i}$$

式中　P_i, P_r——入射电能和反射电能。

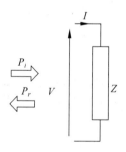

图 2.27　偶极子 Z 上的反射

天线的反射系数可以通过下式定义：

$$\Gamma = \frac{Z_a - Z_0}{Z_a + Z_0}$$

式中　Z_0——没有反射波时的特性阻抗，一般为 50Ω；

　　　Z_a——天线阻抗。

反射系数用振幅来衡量，并且与偶极子反射的能量同相。也可以用其他形式来测量反射能量，这种形式中没有给出任何关于反射信号的相位信息，这便是驻波比或 TOS，即

$$TOS = \frac{1 + \Gamma}{1 - \Gamma}$$

通常,希望传输到负载上的能量最大化,可以通过以下关系定义能量反射系数 Γ^*:

$$\Gamma^* = \frac{Z_l - Z_a^*}{Z_l + Z_a}$$

式中　Z_l——与天线阻抗 Z_a 相连的芯片负载阻抗;

　　　Γ^*——负载反射的功率和可以传输到天线的最大整体功率的比值。

当负载与天线阻抗是共轭复数时($Z_l = Z_a^*$),天线获得的最大功率传输(即 $\Gamma^* = 0$)对应于天线接收的总功率的一半,而另外的一半被天线阻抗 R_r 辐射出去了。这是阻抗调整的典型情况。

2. 传输系数

将功率传输系数定义为

$$T = 1 - | \Gamma^* |^2$$

它等于传输到负载上的功率和可传输到负载上的最大功率的比值。T 可写为如下形式:

$$T = \frac{4 \cdot R_a \cdot R_l}{| Z_l + Z_a |^2}$$

3. 品质因数和带宽

正如所见到的,谐振电路的品质因数 Q 可以通过以下方程进行定义:

$$Q = 2 \cdot \pi \frac{每周期存储的能量}{每周期辐射和耗散的能量}$$

辐射和耗散的能量与因导电及介电损耗引起的能量损耗相对应。

品质因数 Q 表明天线储存能量的能力,并且可以通过下式确定天线的选择频率。

$$Q = \frac{f_0}{\Delta f}$$

式中　f_0——谐振频率;

　　　Δf——带宽,定义为阻抗等于电抗时频率之间的差值。

然而,如果考虑 TOS,将天线的失配考虑在内,可以得到下列方程:

$$Q = \frac{f_0 \cdot \sqrt{TOS}}{\Delta f \cdot (TOS - 1)}$$

4. 方向性和增益

天线(电偶极子)所发射或接收的大多数能量的方向均垂直于它的天线,只有一小部分能量沿着天线传播。天线的方向性是衡量天线能够集中辐射能量的能力。方向性是天线最重要的性能指标之一,它可以指导信号在给定的轴线上的发射或接收,排除信号在其他方向的发射或接收。

给定方向上的方向性,$D(\theta, \varphi)$ 是在这个方向的辐射功率密度和全部功率密度的比值。其中,全部功率密度是指由各向同性的无损天线向外辐射的功率密度,即天线在空间各方向上连续的辐射。

$$D(\theta, \varphi) = 4 \cdot \pi \cdot \frac{在方向(\theta, \varphi)上的辐射功率密度}{总功率密度}$$

注意,根据定义各向同性天线也是有方向性的,它在所有方向上都相等。

天线的第二个基本的性能指标是它的增益。天线在给定方向上具有固有增益 $G(\theta,\varphi)$,是实际天线在它功率密度最大方向上的功率密度和在相同方向上由各向同性无损天线在相同条件下全部辐射功率产生的功率密度的比值,即

$$G(\theta,\varphi) = 4 \cdot \pi \cdot \frac{\text{在方向}(\theta,\varphi)\text{上的辐射功率密度}}{\text{总功率密度}}$$

在增益公式中,仅考虑了天线损耗,没有考虑天线失配或插入损耗。

还要注意的是,天线增益的概念不能视为一个"活动"特征,而是一种性能的比较。

5. 辐射阻抗

辐射功率可以表示为

$$P = 40 \cdot \left(\frac{\pi \cdot I \cdot \mathrm{d}l}{\lambda}\right)^2 = 40 \cdot \left(\frac{\pi \cdot \mathrm{d}l}{\lambda}\right)^2 \cdot I^2$$

这个表达式的形式为 $P = \frac{1}{2} \cdot R \cdot I^2$,说明了在电阻 R 上流过电流 I 时引起的能量损耗,所以 $R_r = 80 \cdot \left(\frac{\pi \cdot l}{\lambda}\right)^2$,称为辐射电阻。如果忽略导体中的欧姆损失,$R_r$ 代表辐射源发射时的等效负载的阻抗,或者是组成接收天线的等效发生器的内部阻抗。

6. 辐射效率

天线的总辐射效率 η_t 是一个乘法因子,用以考虑天线的输入损耗和天线结构上的损耗。事实上,对天线关联电路的错误调整引起的反射、材料的介电特性和组成材料的导电性均可能导致损耗。

η_t 的表达式为

$$\eta_t = \eta_r \cdot \eta_{cd}$$

式中 η_r——由于失配引起的效率系数;

η_{cd}——由于导电和介电损耗引起的效率系数[GHI 08]。

天线的辐射功率 P_{rad} 和天线的接收功率 P_{in} 与 η_{cd} 之间的关系为

$$P_{rad} = \eta_{cd} \cdot P_{in}$$

天线增益和天线的方向性之间的关系为

$$G(\theta,\varphi) = \eta_{cd} \cdot D(\theta,\varphi)$$

还可以将天线辐射的品质因数 Q_{rad} 定义为天线品质因数 Q 的函数,即

$$Q = \eta_{cd} \cdot Q_{rad}$$

天线损耗增加时,天线品质因数减少,而带宽增加。

效率 η_{cd} 取决于天线电路的参数,定义为辐射阻抗耗散的能量和所有的耗散能量之间的比值,即

$$\eta_{cd} = \frac{R_r}{R_r + R_l}$$

7. 辐射方向图

辐射方向图表示在给定方向上辐射空间内的电磁场分布,因此,它提供了天线向空间辐

射的数量信息。依据辐射方向图,可以定义一些辐射参数,如孔径、能量级、二次波瓣方向等。表示天线辐射的方式有很多:场图,功率、增益、方向图,极坐标或直角坐标的辐射方向图,线性或笛卡儿方向图,二维或三维图像等。

8. 极化

远场的一个特点是:电场和磁场的振幅之间的比值为定值,测量出一个,从而可以计算出另外一个。极化与形成电磁波的电场的方向和振幅相对应,图 2.28 给出了一个由电场矢量 $\vec{E}$ 随时间绘制的几何图形。极化是用来描述天线的基本参数之一,用以确定天线是如何以允许的方式发射或接收电场的,了解这一点非常重要。

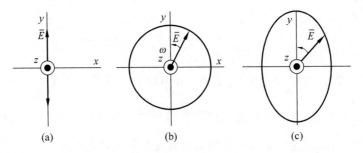

图 2.28 电磁波的极化

极化有三种类型:

(1) 线极化。如图 2.28(a)所示,电场矢量在空间的取向固定不变的电磁波叫线极化。线极化对应的椭圆率 AR=∞。

(2) 圆极化。如图 2.28(b)所示,若电场一直呈现圆形,则电磁波为圆极化,与它所对应的椭圆率 AR=1。但圆极化一般对应的椭圆率 AR 满足关系 1<AR<2。

(3) 椭圆极化。如图 2.28(c)所示,若电场随时间一直呈现椭圆形状,则电磁波为椭圆极化。椭圆极化对应的椭圆率 AR 满足关系 1<AR<∞。

线极分为水平极化和垂直极化,垂直极化电场的方向与水平方向垂直,水平极化电场的方向与水平方向平行。

一般来说,天线的极化与入射波的极化不同。

已知:

$$\vec{E}_i = \hat{p}_i \cdot |\vec{E}_i|$$

$$\vec{E}_a = \hat{p}_a \cdot |\vec{E}_a|$$

式中 $\hat{p}_i$, $\hat{p}_a$——入射波电场和天线电场的单位复矢量。

天线对电磁波的接收质量取决于接收天线与发送天线的极化差异以及与接收电磁波电场方向的匹配性。

通过下式定义极化损耗因子(polarization loss factor,PLF):PLF=$|\hat{p}_i \cdot \hat{p}_a|^2$。其中,PLF 正比于 $\cos^2\alpha$,取决于入射信号和天线的极化角度之间的差别,如图 2.29 所示。

		读写器天线极化		
		圆形	垂直	水平
标签的方向性	垂直	3dB	0dB	∞dB
	水平	3dB	∞dB	0dB
	倾斜	3dB	3dB	3dB
	与天线波束平行	∞dB	∞dB	∞dB

图 2.29　极化失配

9. 自由空间内的发射(费利斯方程)

费利斯方程(Friis equation),也称作链路预算(link budget)方程,确立了信号在自由空间内的传播。该方程根据天线发射过程中的供电情况来计算信号接收期间负载上的可用能量,表达式为

$$\frac{P_r}{P_t} = G_t \cdot G_r \cdot \eta_r \cdot \left(\frac{\lambda}{4 \cdot \pi \cdot r} \right)^2$$

式中　P_r——发射天线上发射的能量;

　　　P_t——接收天线上收到的能量;

　　　r——发射天线和接收天线之间的距离;

　　　λ——波长;

　　　G_t——发射天线的线性增益;

　　　G_r——接收天线的线性增益。

天线增益是相对于各向同性的天线测量出来的,没有考虑调节损耗(adjustment loss)或发射及接收性能。

$\left(\dfrac{\lambda}{4 \cdot \pi \cdot r} \right)^2$ 称为路径损耗(path loss,PL)。路径损耗通常表示为

$$PL(dB) = 32.5 + 20 \cdot \log_{10} r_{km} + 20 \cdot \log_{10} f_{MHz}$$

此外,还会由于衍射和吸收造成的额外的损耗。

如果考虑调节损耗和天线的发射或接收特性,则用下面这个复杂的公式:

$$\frac{P_r}{P_t} = \eta_{cdt} \cdot \eta_{cdr} \cdot (1-|\Gamma_t|^2) \cdot (1-|\Gamma_r|^2) \cdot \left(\frac{\lambda}{4 \cdot \pi \cdot r} \right)^2$$
$$\cdot D_t(\theta_t, \varphi_t) \cdot D_r(\theta_r, \varphi_r) \cdot |\hat{p}_t \cdot \hat{p}_r|^2$$

10. 自由空间内的传播

当天线产生的辐射能量为 P_e 时,确定接收能量 P_r。假设天线是定向的,即方向图对准最大值方向。

如果发射天线各向同性,辐射到空间的功率密度为

$$P_{iso} = \frac{P_e}{4 \cdot \pi r^2}$$

如果天线增益为 G_e,则在方向图最大方向上的功率密度为 $p = p_{iso} \cdot G_e$,即有

$$p = \frac{P_e \cdot G_e}{4 \cdot \pi r^2}$$

给定方向上的功率密度是该方向的增益和功率的乘积。乘积 $P_e \cdot G_e$ 称为等效全向辐射功率(equivalent isotropically radiated power,EIRP),它是标准定义中使用的参考值,如图 2.30 所示。如果天线是各向同性的,发射器的发射功率应当在相同的距离上获得相同的效果。另一个专用于 UHF 无线通信标准中的参数是有效辐射功率(effective radiated power,ERP),它由辐射能量和相对于半波长尺寸天线的增益的乘积确定。ERP 和 EIRP 的关系为

$$EIRP = 1.64ERP$$

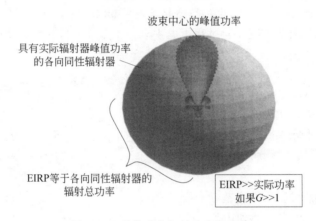

图 2.30　等效全向辐射功率的定义

11. 天线的等效电路

正如之前所看到的,电偶极子或磁偶极子天线的电参数中,感性电抗或容性电抗会超过电阻部分,起到主导地位,其呈现的辐射特性效率低,并且难以匹配。尽管如此,该类型天线可以适用于近场,但不适用于远场,远场中对发射和接收效率要求颇为严格。由于波长的尺寸与电路的尺寸相关,通常选择谐振天线的尺寸为波长的一半或 1/4。

发射天线的等效电路如图 2.31 所示。

该天线阻抗特性可以表述为

$$Z_a = R_a + j \cdot X_a$$

式中　R_a——耗散能量分量,它由辐射阻力 R_r 和损耗电阻 R_l 构成,R_r 表示辐射能量,而 R_l 表示传导损耗、介电损耗以及集肤效应引起的损耗。

发射时,与天线相连的发射电路具有输出阻抗 Z_g,它由电阻部分 R_g 和电抗 X_g 组成。

对于接收天线来说,其等效电路如图 2.32 所示。

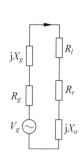
图 2.31 发射天线等效电路

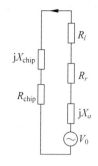
图 2.32 接收天线等效电路

接收天线与负载相连,负载阻抗为 Z_{chip},且有 $Z_{chip} = R_{chip} + j \cdot X_{chip}$。应用 Friis 方程可知,RFID 芯片的天线终端的电压 V_0 被看作是天线增益和入射功率密度的函数,即

$$\frac{|V_0|^2}{8 \cdot R_a} = S_i \cdot \frac{\lambda^2}{4 \cdot \pi} \cdot G_r$$

式中 G_r——接收天线的增益。

入射功率密度为坡印廷表达式的值,其表达式为

$$S_i = \frac{G_t \cdot P_t}{4 \cdot \pi \cdot r^2}$$

12. 雷达截面

接收天线上接收的能量与发射能量成比例,比例系数与天线的等效面积有关。

在多数情况下,这个面积是虚构的。因为接收天线也可能是实际面积忽略不计的一根简单导线,而与其几何尺寸无关。

此外,根据互易原理,一根导线可以视为发射天线,也可以看作接收天线,因为它既可以由一个信号源供电,也可以看作阻抗负载。这个基本原理表明,发射天线在接收信号期间有相同的特性,并且当计算接收电压与入射电流的比值时,结果应该相同。由此得到增益和等效表面两个特性之间的关系为

$$\frac{G}{A_e} = \frac{4 \cdot \pi}{\lambda^2}$$

正如前面所提到的,对于 UHF RFID 系统来说,当 RFID 芯片与读写器进行数据交换时所遵循的原理是基于代表状态变化的阻抗变化。假定这些信号处于远场区,读写器检测的反射波来自于阻抗变化。使用雷达截面(radar cross-section,RCS)可以确定这些波的基本性质,前面将 RCS 定义为等效截面,它接收一定的能量 P_t 并进行各向同性辐射,由接收器中的目标电路产生相同密度的反射能量 P_r。

回顾各向同性发射器情况,发射的能量被分散到半径为 R 的球面上,已知入射波的功率密度 S_i 和反射波的功率密度 S_r,则雷达截面为

$$\sigma = \lim_{R \to \infty} \left(4 \cdot \pi \cdot R^2 \cdot \frac{S_i}{S_r} \right)$$

由于偶极子天线的雷达截面通常较小,并且长度小于半个波长,其雷达截面可以表示为

$$\sigma = \mid 1 - \Gamma^* \mid^2 \cdot \frac{\lambda^2}{4 \cdot \pi} \cdot G^2$$

已知因数 K 被定义为

$$K = \mid 1 - \Gamma^* \mid^2$$

根据天线的阻抗和它的负载,K 也可以表示为

$$K = \frac{4 \cdot R_a^2}{\mid Z_a + Z_{\text{chip}} \mid^2}$$

σ 方程揭示了负载和天线调制时 RCS 所带来的影响,并且表明了要确定芯片参数的要求,即要确定芯片的电参数,因为 RCS 的测量对确定天线的阻抗没有意义。对于半波偶极子来说,天线的增益是已知的,并且天线的阻抗是纯实数的。所以,如果天线调整到 868MHz 下的辐射,不考虑终端负载,可以很容易计算出它的雷达截面。

13. 雷达截面调制

雷达截面 σ 的方程表明,通过调制芯片的负载会使应答器的等效截面发生变化,并引发对读写器反射信号的振幅调制的变化。

阻抗 Z_{L1} 和 Z_{L2} 之间的负载调制分别对应着反射系数 σ_1 和 σ_2。当反射场与天线中的电流成比例时,反射能量的差异与天线辐射能量相对应。在天线中,辐射能是由于两个复数电流 I_1 和 I_2 之间的差异而产生的,其中 I_1 和 I_2 与阻抗 Z_{L1} 和 Z_{L2} 相对应。根据天线的等效电路可以得到

$$I_{1,2} = \frac{V_0}{Z_a + Z_{L1,L2}} = \frac{V_0}{2 \cdot R_a} \cdot (1 - \Gamma_{1,2})$$

雷达截面调制的表达式如下,也是需要优化的目标:

$$\Delta\sigma = \frac{\lambda^2 \cdot G}{4 \cdot \pi} \mid \Gamma_1^* - \Gamma_2^* \mid^2$$

调制质量取决于解调过程中区分两个二进制状态的可能性。对振幅调制,理想的情况是在高低状态之间有最大的振幅变化。例如,从天线的完美调制转到天线短路状态。然而,它意味着当有入射波的全反射时,不可能通过芯片进行能量回收。因此,通常选择能够实现能量回收和数据传输质量之间的平衡的 ASK 调制。

总之,Friis 方程和上面的例子表明,根据读取距离和对携带信息的信号调制,UHF RFID 系统的性能取决于下面的参数:

(1) 芯片和天线之间的调节质量。

(2) 通过使导电和材料损耗最小化时的天线效率。

(3) 增益。

(4) 方向性。

2.4 参考文献

[CAU 05]CAUCHETEUX D. , BEIGNÉ E. , RENAUDIN M. , CROCHON E. , "Towards Asynchronous and High Data Rates Contactless Systems", *PRIME*'05, Lausanne, Switzerland, July 2005.

[COL 04]COLOMBO M. , BARBU S. , ELRHARBI S. , "EM Simulation of 13. 56 MHz InductiveCoupled RFID Antennae by MoM: Novel Impedance-Matrix Approach", *MS*'04, Marseille, France, July 2004.

[ENG 03]ENGELS D. , The Use of the Electronic Product Code, Research report, Massachusetts Institute of Tech, May 2003.

[GHI 08]GHIOTTO A. , VUONG T. , TEDJINI S. , Wu K. , "Design of Passive Ultra-High Frequency Radio-Frequency Identification Tag", *URSI*'08, Chicago, USA, 7-16, August 2008.

[PEA 07]PEARSON J. , MOISE T. , The Advantages of FRAM-Based Smart ICs for Next Generation Government Electronic IDs, Research report, Texas Instruments, Inc. , September 2007.

第 3 章

RFID 通信模式

3.1 通信模式

3.1.1 RFID 系统的波形和常用通信代码

RFID 标签和 RFID 阅读器之间主要有两个通信协议:

(1) TTO(tag talk only)协议。在该协议中,只有 RFID 标签发送数据,所以在该协议中不存在上行链路,RFID 标签供电之后会定期传递数据。

(2) RTF(reader talk first)协议。阅读器是 RFID 系统主要的通信部件。大多数 RFID 技术均使用该协议,包括 EPCglobal Class1 Gen2 标准。通常,当 RFID 标签进入阅读器的磁场区域后,首先等待来自阅读器的请求,然后再传输其身份代码。

如前所述,阅读器和 RFID 标签之间有两种通信传输形式,即连续能量传递方式和串行能量传送方式。

在半双工(half duplex,HDX)模式中,能量传递和数据传送是连续的。阅读器和 RFID 标签之间的通信协议由三个阶段组成:

(1) RFID 标签的唤醒阶段。阅读器向 RFID 标签发射电磁波,提供 RFID 标签运行所需要的电能。标签在接收到来自阅读器的指令之前,一直处于等待状态。

(2) 指令阶段。阅读器向 RFID 标签发送指令(通常是请求指令)。

(3) 读取阶段。RFID 标签发送对应于阅读器请求的响应。

大多数 RFID 系统使用频率转换和转码来变换它们的信号。信号调制和数据编码的选择是 RFID 数据传输可靠性的关键因素。实际上,在两个传输方向上的调制类型和通信模式不仅决定了系统带宽、电能传输以及数据的完整性,也决定了发射电路和 RFID 信号接收电路的复杂性。

由于嵌入 RFID 标签中的硬件和软件较为简单,同时受到 RFID 阅读器发射功率的限

本章由 Simon ELRHARBI 和 Stefan BARBU 编写。

制,因此 RFID 标签可选择的信号调制和数据编码有限。尽管如此,在 RFID 标签上对返回信号进行编码依然可行。按照射频信号发射方式,对于这种类型的 RFID 标签来说,通常属于无源类型,不能以有源方式工作,因此,该类型 RFID 不属于射频发射调节的结构。

3.1.2　数据编码

图 3.1 给出了 RFID 系统中采用的各种编码类型。

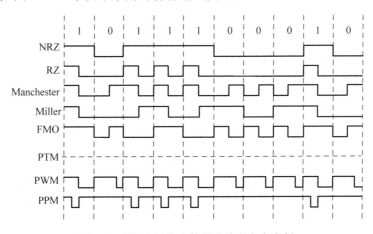

图 3.1　RFID 系统中使用的编码方案实例

下面给出了两种主要基带信号的编码。

(1) 电平的编码中,二进制数值分别对应于信号电平的高低电压。例如,最简单编码方法之一的不归零码(non return to zero,NRZ),其逻辑高电平的二进制值为 1,逻辑低电平的二进制值为 0。为了避免由于一系列连续的 1 或 0 而导致的信号不同步和难于重建时间基准,在每个二进制值之后信号会降回到 0V,这种编码为归零码(return to zero,RZ)。正脉冲对应于二进制值 1,其持续时间等于半符号时间。在其他情况下,该信号处于低逻辑电平。此外,数据的编码(NRZ 或 RZ)与先前的数据编码无关。

(2) 信号跳变的编码中,二进制数值对应于信号两种电压电平的变化;信息包含在信号的跳变中,数据的编码与前面的数据编码有关。这种编码类型下的时钟同步比在电平的编码类型中更容易。

① 曼彻斯特编码是信号跳变编码的一种。它用每一比特位在半周期沿的瞬时值来表示一个二进制值,因此符号时间的中间上升沿对应于二进制值 0,下降沿对应于二进制值 1。比特率等于通信带宽。符号时间的中间跳变在接收同步信号时非常重要,尤其当多个卡片都处于 RFID 阅读器的操作范围之内时的防冲突检测过程更为重要。然而,曼彻斯特码比其他编码法有更高的带宽。此外,在编码期间曼彻斯特码可确保数据编码与先前数据的编码无关。

② 米勒码(Miller code)是另一类跳变编码,使用符号时间的中间跳变对二进制值 1 进行编码。如果出现连续的 0 位,会在符号时间开始处增加一个跳变,这样可以确保至少在两

个符号时间周期之后有一个逻辑电平的变化。另一种称为"修正米勒码",它是米勒码的一种变形,与米勒码原理相同,但是由负脉冲来取代每一次跳变。传输这类代码所需的带宽比前几种编码要宽。在米勒编码中,必须考虑对之前的数据的编码。

③ 双相间隔码(bi-phase space,FM0)与米勒码相似,它在每个符号时间周期开始时进行相位反转,表示 1,如果电平除了在周期开始处反转之外还在符号时间的中间有一个相位反转,则表示 0。与米勒码相比,这种编码机制在接收信号时可以更好地同步编码数据。FM0 编码与米勒码类似,也要考虑先前的编码数据。

其他编码方法通过脉冲时间调制(pulse time modulation,PTM)传输信息。在这一类编码中,通常使用脉冲宽度调制(pulse width modulation,PWM)、脉冲位置调制(pulse position modulation,PPM)和脉冲间隔(pulse interval,PIE)的编码方式。

(1) 脉冲宽度调制(PWM)。脉冲有规律的间隔等幅信号,并且其长度与信号周期成比例。PWM 代码将二进制数值与正脉冲长度联系起来。在符号时间结束时,电平通常先回到低电位,再移至高电位,然后再开始新的编码。

(2) 脉冲位置调制(PPM)。根据脉冲的位置对信息进行编码。PPM 代码使用负脉冲来编码逻辑 1。与改进的米勒编码不同的是,连续的逻辑 0 通常用恒定的高电平进行编码。相应地,采用阶数为 n 的 PPM 代码可以对 n 位逻辑字进行编码。时间周期中脉冲的位置就决定了码字。然而,任何字都必须通过负脉冲的位置来进行编码:在整个的符号时间内不可能找到一个恒定的电平。与曼彻斯特码相比,这种编码方式的带宽相对较窄,且容易实现,但这种编码方式的数据速率较低。

(3) 脉冲间隔编码(PIE)。它是 PPM 调制的一种变形。在这种编码方式中,阅读器生成两个下降沿来确定脉冲的间隔,这个间隔变化是二进制数 0 和 1 的函数。

RFID 信息的编码技术必须考虑以下几个约束条件:

(1) 编码必须尽可能长时间地保持能量传输。

(2) 编码不能消耗太多的带宽。

(3) 如果在阅读器的操作范围内同时有几个 RFID 标签,则编码应能够有利于冲突检测。

由于 PPM、PIE 与 PWM 编码具有相对稳定的信号,所以可以满足前两个约束。然而也应看到,曼彻斯特码可以更容易地检查出位冲突,因此这种编码方式通常用于 RFID 标签向阅读器发送数据的返回链路中。

NRZ 码与米勒码编码的带宽最低,它们的带宽只有数据位速率带宽的一半。紧随其后的是曼彻斯特编码、FM0 码与 RZ 码,它们的带宽与通信流量是相同的。

选择表示二进制的编码需要考虑远程供电问题,载波信号要尽可能长地满足远程供电需要,此时可使用 NRZ 或者米勒编码。考虑到 RFID 标签与阅读器之间的数据交互,检测包含在反馈信号中的响应十分重要。像曼彻斯特码等在码元时间段有跳变的编码可以简化任务。

3.1.3　调制

在选择适于数据表达的编码之后,接着就是确定在 RFID 标签与阅读器间进行信号交换的波形。通常,通信中包含一个载波信号,这个载波信号用于调制传输二进制信息的方法有三种:

(1) 振幅键控(amplitude shift keying,ASK),其载波信号的振幅在多个电平间进行调制。

(2) 频率键控(frequency shift keying,FSK),其载波信号的频率在多个频率间进行调制。

(3) 相位键控(phase shift keying,PSK),其载波信号的相位在多个值之间调制。

每个调制类型都有自身的功率分配。ASK 调制要求载体进行大功率传输,但这种方式可能对采用 RFID 技术的这类嵌入式系统不利。ASK 调制的优点是其解调电路结构简单。FSK 调制可看作 PSK 调制的一种特殊情况。FSK 调制的优点在于其能量可在几乎整个频带(98%)上进行分布,但其接收结构相对较复杂。

然而,阅读器和芯片在功率分配上的显著差异使 RFID 技术受到一定制约,RFID 编码的带宽需加以限制,以使其带宽与阅读器的规格兼容。事实上,发射器中天线电路的品质因数越高,传输功率越好,但带宽会降低,从而限制了通信流量。

另外,从 RFID 标签到阅读器的返回信号可以与前向信号合并,因此可能需要在另一个频率调制返回信号或通过与载波频率不同的频率进行阻抗调制来创建子载波。

表 3.1 和表 3.2 所示是在实际 RFID 标准中使用的调制和编码方法的总结。

RFID 标签的硬件结构需要综合考虑其结构复杂性、尺寸和低成本之间的平衡,其结构与其安全及功能相关,因此 RFID 标签在不同的物理和电子产品中大规模应用会受到限制。此外,标签和阅读器的射频硬件接口必须具有很好的鲁棒性,要简单易用。

表 3.1　RFID 标准中使用的信号调制和编码方法的概要(传输特性)

标准	类型	载波	调制	编码
18000-2	A(FDX)	125kHz	ASK(100%)	PIE
	B(HDX)	134.2kHz		
18000-3	Mode 1	13.56MHz	ASK(10%)和 ASK(100%)	PPM
	Mode 2		PSK-PJM(相位抖动调制)	FSK-MFM(改进的调频制)
18000-4	Mode 1	2.40~2.48 GHz	ASK(90%~100%)	Manchester
	Mode 2		FSK-GMSK(高斯最小频移键控)	
18000-6	A	860~960MHz	ASK(27%~100%)	PIE
	B		ASK(18%或 100%)	Manchester
EPCglobal	Class-1 Generation-2	860~960MHz	ASK(90%): • DSB(双边带) • SSB(单边带) • PR(相位倒置)	PIE
18000-7		433.92MHz	FSK	Manchester
15693-2		13.56MHz	ASK(10%)和 ASK(100%)	PPM
14443	A	13.56MHz	ASK(100%)	Miller Modified
	B		ASK(10%)	NRZ

表 3.2　RFID标准中使用的信号调制和编码方法的概要(接收特性)

标准	类型	副载波	调制	编码
18000-2	A(FDX)	No	FSK	Manchester
	B(HDX)	134.2/123.7±4kHz		NRZ
18000-3	Mode 1	432.75kHz 或(两个有相位联系的副载波)		Manchester
	Mode 2	423.75kHz 和 484.28kHz		
18000-4	Mode 1	No	ASK	FM0
	Mode 2	通知：153.6kHz　通信：384kHz	PSK 或 OOK(ASK)	
18000-6	A	No	二元制 ASK	FM0
	B			
EPCglobal	Class-1 Generation-2	40～640kHz	ASK 和/或 PSK	FM0 或 Miller 副载波
18000-7		No	FSK	Manchester
15693-2		423.75kHz 或 423.75 和 484.28kHz 两个子载波		Manchester
14443	A	847kHz	ASK	Manchester
	B		BPSK	NRZ

3.1.4　RFID 系统数据传输的完整性

当能量和数据在射频信号通道传输的过程中,各种电磁源会引起传输错误。为了确保数据传输的完整性,必须对接收到的信息进行错误检测。如果发生信息传输错误,则通信协议应能够再次发送该消息,直到接收器接收到该信息的正确信号为止。

通常,有三种错误检测模式：垂直冗余校验(vertical redundancy check,VRC),也称作奇偶校验；纵向冗余校验(longitudinal redundancy check,LRC)；循环冗余校验(cyclic redundancy check,CRC)。

1. VRC 校验

VRC 校验或奇偶校验过程比较简单。其原理是在数据位上增加一个二进制位(也称作校验位),形成一个字节。当采用偶校验时,如果数据位中 1 的数是奇数,奇偶校验位等于 1,反之为 0。通常,这种类型的奇偶校验使用 XOR(异或)逻辑门。接收器会对消息的奇偶性进行计算,如果该消息的格式符合要求,则接收器认为没有传输错误。否则,检测到错误后该信息将被再次发送。这样消息里会添加一个相对较低的冗余指示。然而,这种方法十分简单,只能有非常低的错误检出率。实际上,如果存在偶数位出现传输错误,VRC 校验不能检出错误。在传送字节时只有奇数个位发生传输错误时会检测出错误[CAU 05]。虽然 RFID 标准中不使用奇偶校验,但在具有较低计算资源的 RFID 芯片系统中,它仍然是很有效的方法。

2. LRC 校验

LRC 校验也称为交叉奇偶检验。在该过程中不仅控制字符数据的完整性,也检查字符块的奇偶校验位的完整性。LRC校验基于递归方法,将要传输的字节1和字节2按位异或,所得到的结果再与字节3进行相同的操作处理,按照相同的方法对消息中所有字节进行处理。一旦获得了LRC字节,便将该字节与数据一起传输。消息的接收器也执行相同的操作,但此时需将LRC字节考虑在内。如果检测的结果是00,则说明没有检测到错误。

该算法比较简单,易于快速简便地将结果计算出来。但LRC过程可将很多错误自行取消,所以该方法也不可靠,这也是为什么这种检测过程用于小数据量快速检查的原因。虽然交叉奇偶检测不在RFID标准中,但仍有设计者在专用的RFID系统采用该算法。

3. CRC校验

CRC校验主要用于处理数据量大且可靠性要求高的错误检测。该过程基于数学算法进行检测,必要时可以修复数据帧的错误。CRC校验的原理是将二进制序列作为二进制多项式,多项式的系数对应于二进制序列。该序列的最低有效位(least significant bit,LSB)代表了多项式的幂次为$0(X^0=1)$,第n位表示的多项式幂次为$n-1$。然后用待发送的数据(通常要进行bit0的扩展)除以生成的多项式,除式的余数将与数据结果一起被传输至数据通信接收器。如果没有传输错误,后面的数据也将继续执行相同的步骤,直到得到0时为止。这也解释了在数据传输过程中除法运算中存在的静止状态。现在,这个错误检测机制在电信领域(CCITT)的组织标准和推荐机制中已被国际电信联盟(ITU-T)推荐的一些存在不同帧类型的多项式所取代。表3.3给出了在RFID标准中主要使用的多项式。

表 3.3 用于 CRC 计算的 CCITT 多项式

标准	CRC长度/bit	多 项 式
18000-2	CRC-16	$X^{16}+X^{12}+X^5+X^0$
18000-3	CRC-32	$X^{32}+X^{26}+X^{23}+X^{22}+X^{16}+X^{12}+X^{11}+X^{10}+X^8+X^7+X^5+X^4+X^2+X^{26}+X^1+X^0$
18000-4	CRC-22	$X^{22}+X^{17}+X^{13}+X^9+X^4+X^0$
	CRC-15	$X^{15}+X^{10}+X^9+X^6+X+X^0$
	CRC-44	$X^{44}+X^{30}+X^{29}+X^{15}+X+X^0$
18000-6	CRC-5	$X^5+X^3+X^0$
	CRC-16	$X^{16}+X^{12}+X^5+X^0$
EPCglobal	CRC-5	$X^5+X^3+X^0$
	CRC-16	$X^{16}+X^{12}+X^5+X^0$
18000-7	CRC-16	$X^{16}+X^{12}+X^5+X^0$
14443	CRC A	$X^{16}+X^{12}+X^5+X^0$
	CRC B	

例如,对于16位的CRC计算,使用的多项式为CRC-CCITT16,如图3.2所示。

$$P(X) = X^{16} + X^{12} + X^5 + X^0$$

其初始值为0x0000。

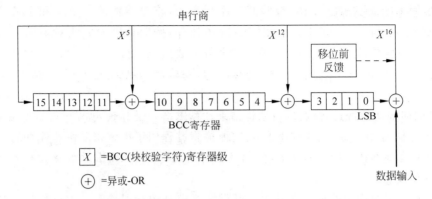

X =BCC(块校验字符)寄存器级

⊕ =异或-OR

CRC-CCITT生成多项式=$X^{16}+X^{12}+X^5+X^0$

图 3.2　16 位的 CRC 过程

在过程开始时,16 位 CRC 移位寄存器被初始化为 0。LSB 位的输入数据与 CRC 寄存器的最高有效位(most significant bit,MSB)进行异或运算后,被转移至 LSB 寄存器。当该过程结束时,CRC 寄存器内就包含了 CRC-16 代码的结果。

实际上,通过更新 CRC 就能获得数据的 CRC。其中 CRC 有两种方法用于逐个字节地处理数据:

(1)生成表法。该方法包含了存储于存储器的表,表中具有 256 个可能的字节值,其中包含了 2 字节的 CRC。这种方法在时间上是最优的,但需要 512 字节的存储表。该方法首先需要生成表,然后用从表中读取到的数值来更新信息的每一个字节的 CRC 值。

(2)不生成表法,即在上一种方法用到的表中的数值是用计算的方法得到的。这种方法节省了存储空间,但需要更多的资源和时间。

3.1.5　防冲突协议

由于大多数 RFID 系统是在主从模式(master-slave mode)下进行操作的,只有作为 master 的阅读器发出指令时,作为 slave 的 RFID 芯片才会发送数据。当多个 RFID 标签都处于阅读器的操作区域时,阅读器接收到的数据就会被干扰,旁边的标签传输的数据会变成噪声源,阅读器接收到数据会产生错误,这称为数据冲突。而反冲突过程实质上是指阅读器在其磁场内可同时与多个 RFID 标签通信,该过程确保了从多个 RFID 标签向同一个阅读器传输数据的完整性。选择防冲突协议必须考虑以下几个方面:算法的内在性能;带宽的限制;实施成本;噪声容限;信号的完整性;安全性。

由于这些原因,绝大多数的 RFID 技术使用时间分布技术来实现防冲突过程。

防冲突算法分为确定性算法和概率性算法。在确定性方法中,可以利用计算在该磁场内的 RFID 标签的数目来为冲突管理确定精确的时间,而利用概率性方法,可以在一个给定的时间内估算应答器 ID 的概率,但不能保证该数值的准确度。

1. 确定性防冲突协议

确定性算法都试图为每个 RFID 标签用一个唯一的识别码（unique identification number，UID）来表示，必要时会在最佳时间来选择它［RAN 02］。

一种方法是利用一个查询系统，该系统可以让阅读器在其读取范围内从一个包含了标签身份的列表中选择一个标签，而这个阅读器必须要有存储功能，并且与阅读器相关的标签数要少。即使阅读器读取范围内的标签数很少，该系统也要花费很长时间来执行相应的操作。更常用的方法是使用二叉树搜索算法，其原理是在一个最优的且确定的时间段内，通过标签的 UID 码来选择一组 RFID 标签。选择编码在防冲突过程中是非常重要的，如图 3.3 所示。

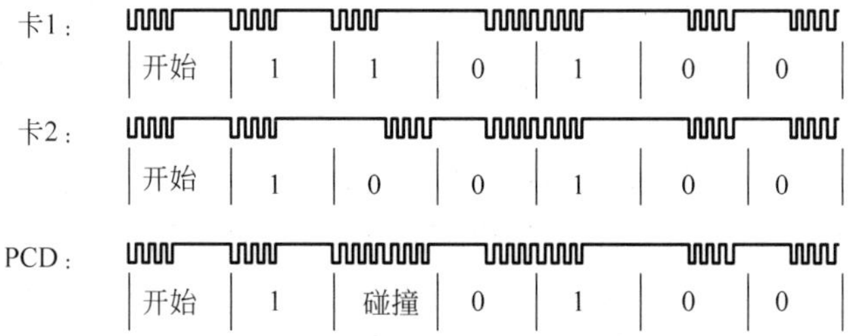

图 3.3 面向位的防冲突

第一步，阅读器发出一个请求，并在阅读器磁场范围内根据其指定的模式，判断是否有应答器能够处理冲突管理。当这个请求结束时，所有可以应对这种防冲突过程的应答器会在给定的时间同步发送该请求的响应。如果在磁场内至少有一个应答器，下一步是判断在此区域中是否同时存在一个或多个应答器，通过识别它们唯一的识别码来将它们区分开。如果多个应答器同时同步回应，由于它们独特的身份标识，至少在一些位会发生冲突，此时冲突检测就显得十分必要。在这种情况下，曼彻斯特编码开始发挥作用，如图 3.1 所示[①]。在图中，面向位的防冲突检测是在假设 RFID 标签同步响应阅读器发出的请求的基础上进行的。在阅读器发出请求的这段时间内，阅读器将一个参数发送给标签，这个参数用以表示在请求结束与预期应答开始之间存在的延迟，并且便于过程同步。

当在给定的位上检测到冲突，阅读器会发出一个含有效位（在冲突之前的位）数目的请求，这个有效位紧跟着分配为 1 的位（这个位可以是 0，它取决于阅读器设计者的选择）。

只有那些标识符中的一部分等于阅读器发出的重要位码的应答器才允许发送剩余位的标识符。防冲突循环始于由 UID 码的大小决定的几个串行阅读级别。数据帧通常分为两个部分，一部分包含阅读器传递给 RFID 标签的数据；另一部分包含 RFID 芯片传递给阅读器的数据。两边交换帧的区分取决于防冲突循环的位置。此外，当所需的位的符号数已经被发送时，阅读器和 RFID 标签之间的传播方向可以转换。当阅读器接收到来自 RFID 标签的帧没有任何冲突位时，防冲突循环就会停止。阅读器通常会发送一个带 RFID 标签

---

① 译者注：此处应该为图 3.3。

UID 码的选择命令,紧接着发送 CRC 码。带着相同 UID 码的 RFID 标签执行阅读器的命令,一般会应答一个选择确认(select-acknowledge,SAK)信号。借助于操作系统或状态机,RFID 系统将标签从接收/监听模式向激活转换,在阅读器与已经识别并选择的 RFID 标签之间借助于稳定的通信通道将数据更新到 EEPROM 或 RAM 中。

2. 概率性防冲突协议

由于 RFID 系统中比特级别的冲突难以检测,这时可使用基于时隙(time slots)原理的概率协议,即按时间随机分配 RFID 标签的传输。阅读器向 RFID 标签发送一个参数指明可用时隙的数目(该数值介于 1 和 N 之间),在时隙里可以响应最小的识别数据。在允许时隙内,可通过 CRC 检测冲突的错误源。当阅读器控制了来自 RFID 标签的通信,在一个时刻只允许一个没有 CRC 错误的标签进行通信时,防冲突过程才会停止。只有在有信息交流的时隙期间,RFID 标签/阅读器才能连在一起使用,否则,防冲突过程仍会持续,阅读器将会对一个时隙进行分析。

在每个授权时隙内已经对 RFID 标签的响应概率进行了定义。此外,标签仅在由阅读器发起的反冲突序列的框架内被授权对话。因此,即使有阅读器读取范围内有多个 RFID 标签,在一定的概率下,阅读器仍然可以找到一个只允许一个卡响应的时隙,且选择这个卡进行交换数据。然而,在反冲突过程中,为了以后能够与阅读器进行对话,其他没有被选择 RFID 标签会处于搁置状态(如果状态机允许)[RAN 02]。

概率性防冲突法的优点在于,使用一个命令就能使所有 RFID 标签被识别和选择,而无须通过其唯一的识别码。

时隙的 N 值不是固定的,在某些情况下,可在一个相对较小的时隙启动防冲突循环,如果冲突较多,在下一次迭代中时隙将会逐渐增加。

3.2　参考文献

[CAU 05] CAUCHETEUX D. , BEIGNÉ E. , RENAUDIN M. ,CROCHON C. , "Towards Asynchronous and High Data Rates Contactless Systems", *PRIME*'05 , Lausanne, Switzerland, July 2005.

[RAN 02] RANKL W. , EFFING W. , *Smart Card Handbook* , *Third Edition* , Wiley, 2002.

第二部分　RFID的应用

▶▶▶

第 4 章　应用

应　　用

4.1　简介

如今,随着技术的发展,目标识别和跟踪越来越先进。经济的全球化以及新兴贸易模式使物流面临着新的挑战,也就是说,应对产品从生产到损毁的整个生命周期进行追踪。因此,为了确保信息追踪,第一步,采用条形码这种识别技术,该技术也被认为是仓储和物流管理中的一个重要工具。然而,在使用过程中,条形码在物理方面逐渐表现出了一定的局限性:

(1) 需要通过光学阅读器(扫描器)来进行识别。

(2) 只能存储部分数据。

第二步,采用自动识别技术,作为目标识别和跟踪技术,是一项逐步发展起来的新技术。作为一项智能技术,可以实现自动识别,与条形码工作方式相似。除了允许通过无线电波进行静默读取之外,还可以包含大量的信息:这便是无线射频识别(radio frequency identification,RFID)。基于 RFID 电子标签的识别技术所带来的经济和文化革命可与 20世纪 90 年代出现的互联网相比。这项技术在一定的距离内利用无线电波通过标签进行数据交换,在最短的时间内对特定对象进行识别或确认,该对象可以是一个动物或一个人。在日常生活中使用的一些系统,如非接触式智能卡(NAVIGO、MONEO)、自动收费系统(Liber-t)、停车管理系统等,这些花费了数十亿美元生产、可通过电磁场远距离供电的廉价标签,已经深入到人们每天生活所需的必需品中。随着小型化和标准化(特别是 ISO 标准)的发展,RFID 技术已在创新性技术含量较高的领域,如配送、物流及工业生产中得到广泛应用。事实上,RFID 技术在商品类型识别项目中是一项非常重要的技术,它利用无线电波自动快速地传输数据,因此该技术得到了越来越广泛的应用,特别是在其他识别技术,如条形码技术,受到限制的领域。这项新技术代表了社会的进步及其正式进入物联网时代的开始,但也存在泄密的风险。

本章由 François LECOCQ 和 Cyrille PÉPIN 编写。

为了方便阅读,本章分为以下几个部分:

(1) 历史追溯:从条形码到 RFID 标签的变革。

(2) RFID 标签。

(3) 规范/标准。

(4) RFID 标签的优缺点。

(5) RFID 应用简述。

(6) RFID 应用实例。

4.2　追溯历史：从条形码到 RFID 标签的变革

4.2.1　条形码简介

受到使用条件及标准的限制,条形码具有不同的编码或符号协议。它们用不同宽度的条(bar)和空(space)组成的符号形式来表示数字或字母数据,如图 4.1 所示。将竖条改为小方块或者点,便可以形成二维码。条形码是在 1970 年由 George Laurer 发明的。

条形码由一系列不同宽度的条和空构成,条和空称为"单元"。不同的条和空的组合代表不同的字符。读取条形码时,扫描器发射出的光线被黑色的条所吸收,没有反射,而白色的空将扫描器的光线反射回来,如图 4.2 所示。在扫描器内,光电探测器接收反射光并将其转换成电信号。因此,当用光学笔读取条形码时,扫描器遇到空(反射光)时产生一个弱电信号,遇到条(不反射光)时产生一个强电信号,利用电信号的持续时间来判断单元的宽窄,条形码阅读器的译码器可以把这个信号转换成条形码所代表的字符,然后解码的数据会以常用的格式传给计算机。

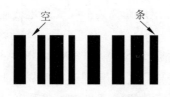

图 4.1　条形码的示意图

图 4.2　读取条形码

条形码的种类很多,归纳起来主要有以下三类:

(1) 一维(线性)条形码。

(2) 堆叠线性条形码。

(3) 二维码。

这一部分所设计的内容主要参考[GOM]。

4.2.2　一维(线性)条形码

一维条形码类型主要有 EAN 码(EAN-8、EAN-13、UPC)、Codabar 码、11 码、39 码和 93 码、128 码、ITF 码(交叉二五码)。

1. EAN 码(EAN-8、EAN-13、UPC)

EAN(european article number)数字或编码是对物品进行识别具有唯一性,一个物品对应一个编码。根据条形码的形式,可以用光学扫描器全方位地读取条码的数字。

EAN 码是根据欧洲贸易的特殊要求从 US Code (universal product code)发展而来的。这种码有两种变形,一种长度为 8 位(EAN-8),另一种长度为 13 位(EAN-13),其中第二种比较常用。该条码由一组按一定规则排列的黑白竖条构成,如图 4.3 所示。

图 4.3　EAN-8 码实例

EAN 码由开始区、数据区、结束区及分隔区等几部分组成。开始区有 1 个字符,数据区可以有 8 个字符(EAN-8)或 13 个字符(EAN-13),结束区有 1 个字符。在数据区的中间由分隔区将数据区从中间分为两部分,分隔区有 1 个字符。在数据区内的每一个字符都由 2 个条和 2 个空所组成,每个条和空的宽度可以由 1~4 个模块①(基本测量单位)组成,每个字符由 7 个白色或黑色单元组成。这种规则有两种例外:开始区和结束区包含 1 个条、1 个空和 1 个条(宽度为 1 个模块),都是由 3 个单元组成,而分隔区包含 1 个空、1 个条、1 个空、1 个条和 1 个空(宽度为 1 个模块),一共为 5 个单元。UPC 和 EAN-13 之间的唯一区别是,在 UPC 中只有 12 位(而 EAN 为 13 位)。UPC 码是将 EAN 码左边的前两个字符定义为 0,在 UPC 表示中,这个 0 只出现一个。与所有的条形码一样,EAN 码运用了专业的数学概念,其结构考虑了打印和阅读环境的物理限制。事实上,对于不同的传感器在缺乏参考测量基准的情况下,条码识别在不同的读取距离都需要具备对条宽进行分离与测量的能力。EAN 代码的表示如下:

(1) 前缀码表示国家代码,一般用 2~3 位数字表示(法国是 30~37)。

(2) 紧接着的 4~5 位数字表示由 EAN 组织在相关国家发布的厂商代码。

(3) 往后是 5 位的产品代码。

(4) 校验码是组成条码的前 7 位(EAN-8)或前 12 位(EAN-13)数字的校验计算结果。

现在几乎所有的产品中(食品、服装、文具、家用电器等)都采用这种条形码。EAN-8 代码一般用于体形小的产品中(如烟盒),而 EAN-13 代码几乎可用于除此之外的其他所有产品,如图 4.4 所示。

---

① 本处原文的 elements 译者认为应该是 modules,作者未对二者进行区分,都是使用的 element。在条码中,模块(module)是条码中最窄的条或空,是组成条码的基本单位。模块的尺寸(宽度)通常以 mm 或 mil(1‰英寸)作单位。单元(element)是构成条码的条、空。在有些码制(如 EAN 码)中,所有单元都是由一个或多个模块组成;而另一些码制(如 39 码)中,所有的单元只有两种宽度,即宽单元和窄单元,其中窄单元为 1 个模块。——译者注

2. Codabar 码

Codabar 码也称作 NW-7 码。Codabar 码的 7 个单元(条或空)有宽有窄,这 7 个单元组成一个字符,如图 4.5 所示。

前缀码　　厂商代码

产品代码　　校验码

图 4.4　EAN-13 码实例

A12.25:3-0B

图 4.5　Codabar 码实例

Codabar 码没有标准模块,其条和空都是不规则的。Codabar 码的单元有 18 种不同的宽度,并按字符逐个自动控制:

(1) 单元。18 种不同的宽度(9 种宽度的条和 9 种宽度的空)。

(2) 字符。由 7 个单元组成(4 个条、3 个空)。在这 7 个单元中,有 2 个宽单元和 5 个窄单元。

(3) 连续性。该码不是连续的,字符之间的空隙至少等于最窄单元的宽度,最多等于一个字符的宽度,字符之间的空隙宽度甚至在同一条码中也不一样。

(4) 静区。宽度至少 100mil(2.54mm)。

(5) 字符集。数字 0~9,以及 6 种特殊的字符('-'、'$'、':'、'/'、'_'、'+')。

(6) 开始/停止字符。4 个字符,每一个字符都可由两个字母表示('a'或't'、'b'或'n'、'c'或'*'、'd'或'e')。

(7) 校验码。由于 Codabar 码采取自动控制方法,因此不需要校验码。

由于组成相对简单,Codabar 码常用于给一些应用编写序列号,如血库、送货上门服务等。

3. 11 码

11 码(或 USD-8)的名称来源于其定义校验位的计算方法。

11 码的长度是可变的,如图 4.6 所示。该条码使用 10 个数字(0~9)和连字符号("-")进行编码,每个字符由 5 个单元组成(3 个条和 2 个空),并在字符之间用一个窄空进行分隔。

静区　开始　　　　数据　　　　　停止 静区

0　1　2　3　4　CD9

012349

图 4.6　11 码实例

11 码主要用于电信设备的标签上。

4. 39 码和 93 码

39 码的条形码长度可变。

39 码是字母数字型的,可以使用 26 个大写拉丁字母(A~Z)、10 个数字(0~9)和 8 个特殊字符('-'、'.'、' '、' * '、'$'、'/'、'+'、'%')。该条码的开始和结束通常都使用字符" * ",作为条形码阅读器的触发符号。在该条码中,每个字符由 9 个单元组成:5 个条和 4 个空。每个条或空有"宽"有"窄",这 9 个单元中的 3 个单元一般是"宽"的,这也是 39 码名字的来源。39 码主要用于药房药物的管理、汽车领域、纺织业等,如图 4.7 所示。93 码提高了 39 码的安全性和密度,该条码为长度可变的字母数字条码,用 2 个字符"C"和"K"组成一个校验码,如图 4.8 所示。由于 93 码从 39 码衍生出来,因此与 39 码一样,可用 26 个大写拉丁字母(A~Z)和 10 个数字(0~9)及 7 种特殊字符('-'、'.'、' '、'$'、'/'、'+'、'%')表示,同时 93 代码还额外定义了几个特殊字符:"!"、"#"、"&"、"@"、"Start/Stop"。

图 4.7 39 码实例

图 4.8 93 码实例

通常 93 代码由以下单元组成:Start/Stop、数据、校验符("C")、校验符("K")、Start/Stop,这种代码非常少用(主要用于邮政服务)。

5. 128 码

128 码是一种长度可变的高密度条码,如图 4.9 所示。该条码由开始区、数据区和停止区组成,开始区 1 个字符,数据区 12 个字符,停止区 1 个字符。128 码的一个字符由 3 个条和 3 个空组成,每一个条或空的宽度可从 1 个模块到 4 个

图 4.9 128 码实例

模块(module,基本测量单位)进行变化,每个字符由 13 个模块组成,除了字符 Stop,其余字符都由 11 个白色或黑色的模块组成。128 码也是一个字母数字代码,也可为功能键(F1、F2 等)和 ASCII 表中的 103 个字符。

128 码有 3 组字符:

(1) 大写字符和校验码。

(2) 大写字符和小写字符。

(3) 数字(成对)。

这三组字符可以混合在同一条码中,并可以自动包含一个校验码。在工业中这种条码形式很常见(例如法国药物中的"社会安全"保障、管理、货物运输和物流等)。

6. ITF 码（交叉二五码）

ITF 码（交叉二五码）是一种长度可变且仅有数字构成的条码，其条码中字符的数量总是偶数，因此条码 123 通常写作 0123。"交叉"这个词表示这段条码的组成方法，例如成对地对数据进行编码。第一个数字用条进行，第二个数字用空进行编码，因此条和空形成交错排列。每个数字对由 5 个条和 5 个空组成，5 个条中有 2 个宽条，而 5 个空中也有 2 个宽空，如图 4.10 所示。

图 4.10　ITF 码（交叉二五码）实例

ITF 码包含三种变体，即标准、交叉和 IATA。IATA 版本应用于航空公司的行李标签。

4.2.3　堆叠线性条形码

堆叠线性条形码是由多个线性条形码彼此堆叠而成，可以由自动扫描器（如相机）垂直读取。最常见的堆叠线性条形码有 PDF-417 码、Code 16K。

1. PDF-417 码

PDF-417 码的长度可变（PDF 意为便携式数据文件），该代码最多可包括 1850 个字母数字字符或 2710 个数字字符，利用这种代码可在一个小面积上打印大量的信息。如图 4.11 所示，PDF-417 码的生成分为两步，第一步是把数据转换成与高级编码相对应的码字，第二步是将这些码字转换成相对低级的由条和空组成的条形码形式。PDF-417 码也有纠错系统，能够重建那些由于印刷错误、删除、模糊以及撕裂而引起的错误数据。PDF-417 码具有以下主要特点：

（1）包含了多达 928 个码字数据。

（2）由 3～90 行组成。

（3）每一行包含 1～30 列数据。

（4）允许数据分布在不同的 PDF-417 码上（"宏 PDF-417"）。

（5）具有 0～8 级的纠错能力。

当需要识别的物品需要附加详细的信息时，可以使用 PDF-417 码的大容量信息能力，如危险品运输。

2. Code 16K

Code 16K 是 Ted Williams 于 1989 年发明的，同时他也是 128 码的发明人。Code 16K 是在 128 码的基础上发展而来的。

图 4.11　PDF-417 码实例

Code 16K 的主要特点如下：

（1）可变长度。

（2）允许对前 128 个 ASCII 码字符进行编码。

（3）其最大密度是每平方厘米可编写 32 个字母数字字符或 65 个数字字符。

（4）5 个 ASCII 码字符占用 2～16 行。

如图 4.12 所示，Code 16K 在许多领域都得到了广泛应用，如防御系统、卫生健康、电子行业、化学工业等。

图 4.12　Code 16K 实例

4.2.4　二维码

二维码是最复杂、最精细的条形码，它们在水平方向上进行编码和读取，因此可以在相同的面积下编码更多的数据。最常见的二维码有 Code One、Aztec Code、DataMatrix、MaxiCode、QR Code。

1. Code One

Code One 二维码是 Ted Williams 于 1992 年发明的，他也是 128 码和 Code 16K 的发明人。Code One 的特点如下：

（1）其长度可变。

（2）可包含 2218 个字母数字字符或 3550 个数字字符。

（3）可在很小的面积上打印大容量信息。

Code One 除了在电子产品和化学工业品上使用外，在其他方面很少使用，如图 4.13 所示。

2. Aztec Code

Aztec Code 二维码是 Andy Longacre 在 1995 年发明的。其特点如下：

（1）可变长度。

（2）具有对 3750 个 ASCII 码字符进行编码的能力。

该码在位于中心的方块目标周围建立一个标记，在围绕着目标的一系列层上对数据进行编码，每个新加的层包围着前面的层，这意味着添加数据期间图形依然为方块形状。

如图 4.14 所示，Aztec Code 的尺寸可大可小，用于应对少量和大量的数据进行编码的需求。Aztec Code 可以在不考虑方向时读取条码,其具有纠错机制(这些纠错代码也用于 DVD、手机、卫星、ADSL 调制调解器等)。Aztec Code 的最小单元称为模块,是一个方块 点。Aztec Code 的尺寸取决于模块的大小、数据量和由用户选择的纠错水平。最小的 Aztec Code 有 15 个模块,可以容纳 14 个字符,其纠错率为 40%,而最大的 Aztec Code 有 151 个模块,可容纳 3750 个字符,纠错率为 25%。Aztec Code 主要用于运输业。例如,德国 联邦铁路公司将一个这种类型的二维码发送到手机上来代替火车票,应用时,用扫描器扫描 手机上的二维码来进行识别。

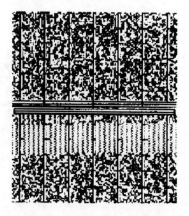

图 4.13　Code One 实例

图 4.14　Aztec Code 实例

3. DataMatrix

DataMatrix 二维码以并列的点或方块的矩阵形式来进行编码。该条码的主要特点 如下:

(1)可变长度。

(2)容量为 2335 个字母数字字符或 3116 个数字字符。

(3)可在非常小的表面打印大容量信息。

(4)具有纠正读取错误的系统功能。

DataMatrix 二维码(如图 4.15 所示)可以包含不同的安全级别,即使该条码有一部分 退化或被遮蔽时也能确保其被读取,条码安全级别越高,条码符号的尺寸便越大。条形码标 准中有几种是从 DataMatrix 码演变而来:从 ECC000(ECC 纠错)到 ECC200。ECC000 与 EAN-13 等一维条形码类似,如果条码的符号退化了便不具有安全性。ECC200 安全级别最 高(即使符号模糊了 20%,即只有 80% 完整,该代码也能被读取)。在电子工业中, DataMatrix 码用于印刷电路板和集成电路的标示。

4. MaxiCode

UPS 公司于 1992 年为其包裹发明了一种二维码,称为 MaxiCode。

MaxiCode 二维码(如图 4.16 所示)可在 6.45cm^2 的面积上表示 100 个字母数字字符。 每个 MaxiCode 码都有一个类似于靶心的中心单元,该中心单元被一个正方形矩阵包围,该

矩阵由 33×29 或 33×30 个六角形单元组成。MaxiCode 码主要用于交通运输中,尤其是在 UPS 公司中使用。

图 4.15　DataMatrix Code 实例　　　　图 4.16　MaxiCode 实例

5. QR Code

QR Code 是 1994 年由日本汽车供应商发明的一种二维码。QR 代表快速反应。

QR Code 如图 4.17 所示,其长度可变,可以包含 4296 个字母数字字符或 7089 个数字字符。这种代码可保存大量信息,但体积却很小,并且容易扫描。该二维码主要在日本应用,尤其用于移动电话上。

图 4.17　QR Code 实例

4.3　RFID 标签

在识别领域,条形码是一种需要正视的技术。但是就像人们看到的一样,这项技术受到了存储容量的限制,因此涌现出一项新的技术——RFID 标签。RFID 是射频识别的缩写,该技术主要利用"无线标签"("RFID 标签"或"RFID 应答器")存储和读取远程数据。RFID 的体积较小,就像可以粘贴或嵌入对象或产品的一种不干胶标签,该标签甚至可以植入到活的生物体(动物、人体)内。

RFID 具有与芯片相连的天线,使其可以接收并响应无线收发器发出的指令。这种识别技术可以用来进行识别：

（1）物体。与条形码一样，这时称为电子标签。

（2）人。RFID集成于护照、旅行卡或借记卡上，此时用作非接触式卡。

4.3.1 RFID标签的特性

RFID通常称为标签，有时也称为智能标签或应答器（应答器是一种可接收无线信号，并立即返回包含相关信息的无线电信号的电子设备）。从概念上讲，RFID标签和条形码非常相似，都提供了快速可靠的单元识别及追溯来源的方法。这两种技术之间的主要区别是，条形码用激光扫描器读取数据，RFID标签利用阅读器进行扫描，该读写器可接收由标签发出的射频信号。RFID的主要特性如下：

（1）存储容量大（定义了可编码的字符数量）：1到几千字节。

（2）通过扫描器读取信息的距离从几厘米到约200m。

（3）RFID的操作不用接触，也不需要特定的角度。

（4）RFID可在多种环境下进行操作（水中、黑暗条件下均可）。

（5）根据RFID的种类，RFID上可以读取数据，写入数据不是必需的，其读取/写入操作可在非接触模式下进行。一些RFID标签可以重新写入新的信息，使标签循环利用。

（6）使用简便，非常适合于自动操作。

4.3.2 操作原理

RFID技术使用的射频频率在50kHz到2.5GHz之间。如图4.18所示，RFID系统由以下几部分组成：

（1）集成电路（芯片），其中包含了用于识别的数据。

（2）天线，用于在RFID标签和阅读器之间发射信号。

（3）阅读器，用于从RFID接收信号并进行处理。

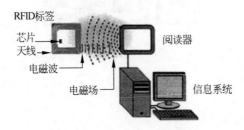

图4.18 RFID系统

现在，标签的尺寸可以小到一个点那么大（约 $1mm^2$），这也带来了封装问题（一般使用激光而非机械的方法进行切割）。RFID天线如图4.19所示。其材质通常为铜，借助于超声波（振动系统）可以将天线嵌入到标签中，而天线的作用是使RF（射频）被发射或被接收。在一些系统中，一个天线既要实现接收操作，还要实现发射操作，而在某些系统中，需要有两个天线,一个天线用于发射信号,另一个天线负责接收信号。天线是射频系统的基本元件,与其性能相关的一些参数,如增益、辐射图和读取范围等,都与天线的特性相关。因此,阅读器和 RFID 标签之间的交互是需要考虑的重点因素。

天线和 RFID 标签之间有两种耦合方式:电感或磁场耦合、辐射或电磁耦合。

1. 电感耦合

电感耦合又称为磁场耦合或近场耦合。发射辐射波是天线的基本原理之一,如图 4.20 所示。磁场强度与磁场感应强度的关系为

图 4.19　RFID 天线

$$B = \mu H$$

式中　B——磁感应强度;

　　　μ——磁导率;

　　　H——磁场强度。

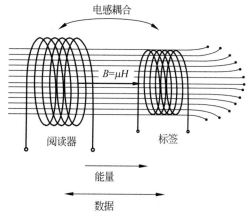

图 4.20　电感耦合

当阅读器感应到有标签进入到其发射的场时,通过分析由发射场引起的微小变化,阅读器可以获取 RFID 标签中存储的数据。低频时磁场会减弱,从而影响天线的读取范围。13.56MHz 属于高频(high frequency,HF)范围,对应的波长约为 22m。由于特高频(ultra high frequency,UHF)和超高频(super high frequency,SHF)的波长为米到厘米级别,不能用于近场,主要工作模式为电磁辐射耦合。磁场耦合的 RFID 系统通常使用无源标签,这时标签和阅读器之间靠一套由几圈金属线圈组成的天线进行通信,由于金属线圈可利用由阅读器发出的磁场产生感应,从而产生驱动嵌入式电子标签所需的能量。这种技术有许多限制:由于发射的磁场靠近阅读器(小于 1m),且易受到附近其他系统的干扰,使其通信距离受到限制。在磁场耦合下的操作模式涉及系统在低频(从 120kHz 到 135kHz)和高频(13.6MHz)下的操作,磁场耦合系统的操作频率可以高达 29MHz。历史上,第一个磁场系统是在低频下工作的,接着才出现了高频应用。高频标签(天线和电路及内存)通常植于尺

寸小于 10cm 的柔性衬底上,并被集成在类似智能卡的设备上。

2. 电磁辐射耦合

电磁辐射耦合又称为电磁场耦合或远场耦合。在远场中,距离发射源大约稍大于一个波长的位置,波束发散形成局部成平面的球形波。RFID 像一个真正的无线收发器,可用以下方式表示:

(1) x, y, z:三个坐标轴。

(2) H:磁场强度。

(3) E:电场强度。

(4) d:距离。

由于与发射源的距离成反比,当电磁场能量减少 $1/d$,接收的能量就减少 $1/d^2$。这种交互模式使读取距离可达到 10m 多,也使数据的传输速度更快。由于天线的尺寸与波长相关,因此可以获得更小的天线尺寸。电磁辐射耦合系统如图 4.21 所示,要比电感耦合系统更为复杂。在电磁辐射耦合系统中,电磁波的传播更难预测,有时具有随机性,干扰问题更难解决。然而,当工作在 900MHz 的频率时,天线的尺寸可以大幅减少,从而使系统小型化。与磁场耦合模块相反,电耦合系统不受阅读器周围磁力线发射的限制。使用由天线辐射电磁场的传播特征,就可在超过 10m 的范围将能量和数据在阅读器及应答器之间进行相互传递。能够产生此类电场的天线有半个波长的大小(100MHz 时,天线约为 1.50m)。实际上,应仔细选择天线的发射频率(应优先使用 UHF),以确保 RFID 尽可能不受电耦合的限制。对于无源应答器来说,利用阅读器发射的电场所产生的赫兹偶极子现象来提供能量,而辐射信号的能量密度与阅读器和标签之间的距离的平方成反比。因此,无源系统仅能使用在频率约为 500MHz 且阅读距离可达 10m 的情况,当频率提高时阅读距离则大幅降低(当频率提高到 2.5GHz 时,读取距离小于 1m)。除了对频率的要求,还需要能量来激活应答器。由于标签是微电子技术设计,因此低廉的成本无疑就成了电磁耦合标签的主要优势。

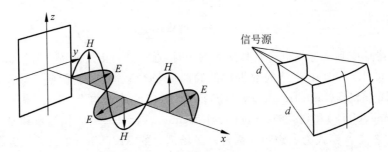

图 4.21 电磁辐射耦合

瞬时频率 f 与周期 T 成反比,即

$$f = \frac{1}{T}$$

采用国际单位时,如果时间单位为秒(符号 s),频率的单位是赫兹(符号 Hz),则信号的

频率越高,其周期越短。

波的传播频率可由下式算出:

$$f = \frac{c}{\lambda}$$

式中 f——波的频率(Hz);

c——波速(m/s);

λ——波长(m)。

根据设计的功率及发射频率,射频信号的发射范围可达几百米。无线信号根据其频率(Hz)可以进行分类,所有的频率组成信号的频谱,如表4.1所示。

(1) 低频(low frequency,LF)。频率介于30~300kHz之间,波长为1~10km,可读取范围为10~50cm。

(2) 中频(medium frequency,MF)。频率介于300kHz~3MHz,波长为100m~1km,可读取范围为50~80cm。

(3) 高频(high frequency,HF)。频率介于3~30MHz,波长为10~100m,可读取距离为5cm~3m。

(4) 特高频(ultra high frequency,UHF)。频率介于30MHz~3GHz,波长为10cm~1m,读取距离为1~5m。

(5) 超高频(super high frequency,SHF)。频率介于3~30GHz,波长为1~10cm,读取范围大于10m(易受到金属影响,会使读取距离缩短)。

对于低频、中频和高频信号,标签和阅读器之间采用电感耦合(或近场耦合)。对特高频或超高频信号,标签和阅读器之间是电磁辐射耦合(或远场耦合)。

表 4.1 频率与波长的关系

波段	频率	波长
LF	30~300kHz	1~10km
MF	300kHz~3MHz	100m~1km
HF	3~30MHz	10~100m
UHF	30MHz~3GHz	10cm~1m
SHF	3~30GHz	1~10cm

像所有的电磁波一样,射频信号以光速在真空中传播,并且其衰减与传播距离的平方成正比。由于大气中含有水分,射频信号会衰减更快。由于障碍物的存在使得射频信号衰减或偏离,这取决于它们的波长、材料性质及其天线形状和尺寸。为简单起见,导电材料具有反射作用,而介电材料会产生偏差。总之,射频信号的性能与物体的尺寸及射频信号的波长有很大关系。

不同频段下RFID的应用领域如表4.2所示。

表 4.2 不同频段下 RFID 的应用领域

波 段	应 用	说 明	协 议
低频(LF)	动物识别	不抗水或金属干扰 传输速率：<10kbps 读取距离：10～50cm	ISO/IEC 18000-2 ISO 10536
中频(MF)	无线支付	不抗水或金属干扰 传输速率：<50 kbps 读取距离：50～80cm	ISO 14443 （A、B、C 类） ISO 10373-6
高频(HF)	访问控制	抗水或金属干扰 传输速率：<100kbps 读取距离：5cm～3m	ISO/IEC 18000-3 ISO 15693 ISO 10373-7 EPC HF
特高频(UHF)	定位管理	抗水或金属干扰 传输速率：<200kbps 读取距离：1～5m	ISO/IEC 18000-6 ISO/IEC 18000-7 EPC Class 0/0＋ EPC Class 1 Gen 1 EPC Class 1 Gen2
超高频(SHF)	车辆识别	抗水或金属干扰 传输速率：<200kbps 读取距离：约为 10m	ISO/IEC 18000-4

4.4 标准化

　　RFID 技术的成功之处在于其克服了标准化进程中的各种挑战。从目前的应用情况看,该技术就像计算机技术一样将覆盖所有的领域。当前的趋势是各公司相互协作,紧密联合,因此为了确保识别某一产品或某公司供应链上的所有产品,有必要对 RFID 进行标准化处理。由于在一定频率范围内建立标准具有许多好处,1999 年,在麻省理工学院(Massachusetts Institute of Technology,MIT)的倡议下,几家公司合作成立了 Auto-ID 中心,该中心的任务是要制定 RFID 的相关标准。之后,EPCglobal 由 EAN 和 UCC 两大标准化组织联合成立,并逐步取代了 Auto-ID 中心。

　　EPCglobal 开发了一套软件,该软件扮演着技术网络的神经系统作用。该系统推广使用对象名称解析服务(object naming service,ONS),可通过本地网络或因特网寻找相关的产品来识别 EPC 编码。ONS 系统引导软件访问存储了公司产品信息的数据库。在该信息系统中,所有经过网络的信息都将被存储,这些信息的存储与交换都是基于可扩展标记语言(extensible markup language,XML)的新型的物理标记语言。

　　标签和阅读器之间射频通信由 ISO 标准化协议来确定。实际上,为解决互操作性而提出的 ISO 18000 标准不足以实现这一目标。标准化必须满足两个条件：一方面,阅读器和标签之间的通信应使用公共通信协议,这也是 ISO 18000 标准的要求;另一方面,包含在标签内的数据结构应该具有唯一性。而 ISO 18000 标准只是这一类允许互操作性标准中的其中之一。

通信协议是阅读器和标签之间通信的一种语言,像所有的语言一样,标签中的命令和数据也有其相应的词汇和语法。

4.4.1 RFID 的 ISO 标准

第一个标准是 ISO 18000 系列协议:

(1) ISO 18000-1。物品管理的射频识别:参考结构和参数进行标准化定义。

(2) ISO 18000-2。物品管理的射频识别:135kHz 以下空中接口通信的参数。

(3) ISO 18000-3。物品管理的射频识别:13.56MHz 空中接口通信的参数。

(4) ISO 18000-4。物品管理的射频识别:2.45GHz 空中接口通信的参数。

(5) ISO 18000-5。物品管理的射频识别:5.8GHz 空中接口通信的参数(弃之不用)。

(6) ISO 18000-6。物品管理的射频识别:介于 860~960MHz 之间空中接口通信的参数。

(7) ISO 18000-7。物品管理的射频识别:433MHz 有源空中接口通信的参数。

关于 ISO 18000 标准的说明:

1) 关于 ISO 18000-3 标准的说明

ISO 18000-3 使用了两种模式:第 1 种模式来自于非接触卡的 ISO 15693 标准,第 2 种模式来自于 Magellan(澳大利亚)开发的技术。其特征是允许更快的(提高 40 倍)的数据交换速度。需要注意的是,这两种模式不具有互操作性。

2) 关于 ISO 18000-6 标准的说明

ISO 18000-6 使用了三种类型:

(1) A 类(Type A)采用了带有分隙 ALOHA 冲突仲裁协议的脉冲间隔编码(pulse interval encoding,PIE)系统。

(2) B 类(Type B)采用了带有二叉树冲突仲裁协议的曼彻斯特编码系统。

(3) C 类(Type C)是基于 EPCglobal Class1 Gen2 提出。

这三种类型(A、B 和 C)不具互操作性。

在不同的频率下,有相应的测试方法与 ISO 18000 标准的定义对应(这些方法附加了兼容性测试):

(1) ISO 18047-2。射频识别设备的一致性测试方法:135kHz 以下空中接口通信的测试方法。

(2) ISO 18047-3。射频识别设备的一致性测试方法:13.56MHz 空中接口通信的测试方法。

(3) ISO 18047-4。射频识别设备的一致性测试方法:2.45GHz 空中接口通信的测试方法。

(4) ISO 18047-5。射频识别设备的一致性测试方法：5.8GHz 空中接口通信的测试方法。

(5) ISO 18047-6。射频识别设备的一致性测试方法：介于 860～960MHz 的空中接口通信的测试方法。

(6) ISO 18047-7。射频识别设备的一致性测试方法：433MHz 有源空中接口通信的测试方法。

非接触式 RFID 主要使用的 ISO 标准是 ISO 14443 标准，为 10cm 近耦合模式（contactless mode），功耗最大约为 10mW，阅读距离小于 10cm，数据读取速率为每秒几百千位，场强约为 5 A/m。ISO 14443 系列标准包括：

(1) ISO 14443-1。非接触式 IC 卡：物理特性。

(2) ISO 14443-2。非接触式 IC 卡：射频功率和信号接口。

(3) ISO 14443-3。非接触式 IC 卡：初始化和防冲突。

(4) ISO 14443-4。非接触式 IC 卡：传输协议。

ISO 10536 标准对密耦合卡（10mm 密耦合模式，close mode）的特征进行了定义：

(1) ISO 10536-1。非接触式 IC 卡：密耦合卡，物理特性。

(2) ISO 10536-2。非接触式 IC 卡：密耦合卡，耦合区的尺寸和位置。

(3) ISO 10536-3。非接触式 IC 卡：密耦合卡，电信号和复位程序。

还有一种阅读距离为 1m 的疏耦合模式（vicinity mode）标准：

(1) ISO 15693-1。非接触式 IC 卡：疏耦合模式，物理特性。

(2) ISO 15693-2。非接触式 IC 卡：疏耦合模式，空中接口和初始化。

(3) ISO 15693-3。非接触式 IC 卡：疏耦合模式，防冲突和传输协议。

与 ISO 18000 标准一样，针对近耦合区和疏偶合区的测试方法也制定了相应的标准：

(1) ISO 10373-6。测试方法：近耦合卡。

(2) ISO 10373-7。测试方法：疏偶合卡。

性能测试也有相应的标准：

(1) ISO 18046-1。自动识别和数据采集技术：RFID 性能，RFID 系统的测试方法。

(2) ISO 18046-2。自动识别和数据采集技术：RFID 性能，RFID 识别设备的测试方法。

(3) ISO 18046-3。自动识别和数据采集技术：RFID 性能，RFID 标签的测试方法。

与射频识别相关的标准有：

(1) ISO 15961-1。RFID 物品管理：数据协议，应用接口。

(2) ISO 15961-2。RFID 物品管理：数据协议，RFID 数据结构的注册。

(3) ISO 15961-3。RFID 物品管理：数据协议，RFID 数据结构。

(4) ISO 15961-4。自动识别和数据采集技术，RFID 项目管理，电池组和传感器功能的应用程序接口。

(5) ISO 15962。RFID 物品管理：数据协议，数据编码规则和逻辑存储功能。

(6) ISO 15963。RFID 物品管理：RF 标签的独特识别性能。

(7) ISO 19762-3。自动识别和数据采集(AIDC)技术词汇,射频识别。

(8) ISO 24753。自动识别和数据采集技术：RFID 物品管理,应用协议,用于传感器和电池的编码和处理规则。

利用这些标准,可以使 RFID 解决方案集成商在性能验证的基础上,获得满足客户需求的系统。即使没有在现场进行测试,这些标准也可以为 RFID 应用提供参考,并允许用户在几个选项中进行选择。事实上,由于互操作性的存在,这就意味着任何符合 ISO 18000 标准的阅读器都可读取符合同一标准的 RFID 标签上的数据。但在所有情况相同时,互操作性也并不意味着市场上所有的系统都具有相同的性能。所有的 RFID 系统,当不考虑读取距离和读取速度时,甚至不考虑在电磁环境下的读取速率时,都会保证信息的采集。

4.4.2　中间件的 ISO 标准

对于中间件的信息交换管理也有相应的标准：

(1) ISO 24791-1。自动识别和数据采集技术：RFID 物品管理,系统软件基础——架构。

(2) ISO 24791-2。自动识别和数据采集技术：RFID 物品管理,系统软件基础——数据管理。

(3) ISO 24791-3。自动识别和数据采集技术：RFID 物品管理,系统软件基础——设备管理。

(4) ISO 24791-4。自动识别和数据采集技术：RFID 物品管理,系统软件基础——应用程序接口。

(5) ISO 24791-5。自动识别和数据采集技术：RFID 物品管理,系统软件基础——设备接口。

(6) ISO 24791-6。自动识别和数据采集技术：RFID 物品管理,系统软件基础——安全。

4.4.3　用户指导标准

与这些新技术或标准有关的 RFID 用户指导标准主要有：

(1) ISO 24729-1。RFID——使能标签。

(2) ISO 24729-2。循环利用和 RFID 标签。

(3) ISO 24729-3。UHF RFID 阅读器系统在物流应用上的实施与操作。

在 ISO 网站上可以获得所有与 ISO 标准有关的参考资料和附加说明。

4.4.4　通信协议

RFID 技术必然取代条形码,而 RFID 的相关协议也不断提高。通常,RFID 技术的实现使用 EPC Gen 2.0 协议标准。根据 RFID 特点,自动识别中心将标签划分了从 Class 0 到

Class 5 六个级别。用于识别的标签一般都比较便宜,一般为 Class 0 和 Class 1 类型。众所周知,标签最常用的功能是射频识别,而识别标签使用十分广泛,更重要的是,这类标签的使用被认为是给 RFID 技术带来了巨大的变革。

4.4.5　EPCglobal 标准

现存的许多方法很难实现对产品进行追溯,EPCglobal 联盟[EPC]是致力于利用国际化标准来规范 RFID 技术的国际组织,其目的是在统一的分配系统中,利用电子产品代码(electronic product code,EPC)对世界上每个公司物流链上的每一件产品进行识别。正如 30 年前的条形码,EAN、UCC 和许多企业解决了利用 RFID 对产品识别进行标准化的定义,现在,第一代 EPC 标准正在使用。而这些都离不开全球几百家公司给予的资金支持和坚持不懈的研究。AutoID 中心内云集世界顶尖的五所大学,包括麻省理工学院(MIT)、英国剑桥大学(Cambridge)、瑞士圣加伦大学(St. Gallen)、澳大利亚阿德莱德大学(Adelaide)和日本庆应大学(Keio)。这五所大学一起定义并构建了"物联网"未来的基础。受到域名服务的启发,EPCglobal 定义了一个依托互联网和 ONS 规范的 end-to-end 的标签管理模式,并提出标签的六个级别:

(1) Class 0:只读(无源)。

(2) Class 1:写一次,读多次。

(3) Class 2:可擦写(无源)。

(4) Class 3:可擦写(半无源)。

(5) Class 4:可擦写(有源)。

(6) Class 5:有源阅读器(Class 4 所采取的模式与阅读器和标签之间的通信相类似)。

因此,EPC 系统已成为一个全球性的、模块化的并且具有互操作性的结构,也具有了未来信息交换的主要特征:通过 EPC 实现物品的统一检测,借助 RFID 进行无线数据采集,通过互联网的开放标准来存储和访问信息,如图 4.22 所示。

图 4.22　EPC 标签的标准表示

EPC 基于当前产品编码提供了一个序列号,用于产品的唯一识别标识。标签以合理的成本及价格提供了足够的存储容量来存储新的信息。当标签与天线耦合,并采用射频技术,便可以实现远距离数据读取。最后,在互联网技术的帮助下,EPC 信息系统就可以完成信息存储及通信,并共享和访问物流链上的信息,如图 4.23 所示。

最初,EPC 建立了 96 位通用标识符(GID 96),该通用标识符目前已经普遍采用。

头字段 (版本号)	通用管理者代码 (公司管理或组织机构)	产品分类 (类别或产品类型)	序列号 (同一产品类型的唯一编码)
8位	28位	24位	36位

图 4.23 EPC Gen1 的编码表示

4.4.6 通信层

标签和阅读器之间的通信受到 RFID 技术的限制。通信层的目的是定义规则,并确保标签和阅读器之间的通信是有效的,主要针对以下几个问题进行管理:

(1) 在阅读器读取范围内识别与认证一个或多个标签。

(2) 在同一区域内同时与几个标签对话时的防冲突算法。

(3) 标签中的数据表示。

(4) 标签内存的大小。

(5) 全部或部分标签内容的数据读取。

(6) 修改标签内数据或向标签写入新的信息。

(7) 数据交换的安全性。

(8) 会话结束。

只有这些数据交换过程实现标准化,才能保证任意一款阅读器与任意一款标签进行数据操作,而不用考虑生产厂家。数据交换的安全性包括:

(1) 数据交换的完整性(如数据加密)。

(2) 读写授权。

(3) 数据保护。

(4) 数据传输过程中的保护(如数据总线加密)。

4.4.7 标签的类型

标签由以下几个部分组成:

(1) 天线。

(2) 芯片。

(3) 衬底或封装。

标签非常薄,体积很小(几毫米),其质量可以忽略。虽然标签重复使用更环保,但是由于其成本很低,可以当作一次性物品。

标签可分成四类:

(1) 无源标签(passive tag)。

(2) 半无源标签(semi-passive tag)。

(3) 半有源标签(semi-active tag)。

(4) 有源标签(active tag)。

"半无源"、"有源"和"半有源"标签需要电池驱动,因此也称作电池辅助被动式标签(BAP,battery-assisted passive tag)。

1. 无源标签

无源标签所需功率由阅读器提供。最初,无源标签的读取距离约在 10m 内,但由于通信系统中的技术革新,如今,无源标签的读取距离可增加至 200m。阅读器向标签发送能量,同时该标签响应询问信号,最简单的响应是返回一个 ID 号。例如,EPC-96 标准标签返回一个 96 位 ID 信号,如图 4.23 所示。接下来阅读器会查出标签中存储的表格或数据,进而实现对标签的访问控制、状态或数据查询,或进行任何期望的查询工作。无源标签工作在只读模式,很像线性条码。在这种情况下,标签天线通过某些频率来获得足够的能量,以此来发出唯一的识别码。无源标签可对用户数据进行编程,这些数据是为用户预留的,未写入内容,可容纳 32~128 字节。在大多数情况下,厂家在里面储存了 ID 号,当标签安装在物品上时,用户会将有用的信息写入标签内。在接近标签的使用寿命时,用户可读取这些信息,但不能修改或补充这些信息。在一些更为复杂的系统中装有传感器,能够获取温度等物理参数的变化(如用于冷冻产品)。一些实验产品是用磁性油墨充当天线。无源标签价格便宜,几乎没有使用寿命限制,因此在市场中占了较大份额。然而,在未来开放的物流应用中,当商品售出后,该标签就失去了联系。事实上,一旦产品被卖出,这些标签便会失去作用。目前,最常见的无源标签是电子产品编码标签(EPC 标签),并具有以下特点:

(1) 工作频率为 13.56MHz。

(2) 以只读模式工作。

(3) 96 位编码。

这种 EPC 编码代表了一种新技术,可以借助于 RFID 技术实现对不同商品实现检测、跟踪和控制。该 EPC 编码结构可以区分同型号的单件商品。例如,两张视频内容相同的 DVD 光盘具有相同的标准通用产品代码(UPC,universal product code),该编码直接存储在条形码中,这样计算机系统就可以确定 DVD 的制造商、影片名称和销售商。EPC 编码对 UPC 编码进行了扩展,可以确保同类型的两个视频 DVD 不会相互混淆,每个 DVD 都可被单独识别。

2. 半无源标签

半无源标签需要电池为其提供能量,电池可以为充电电池,也可以是普通电池,以便执行计算功能或使用内部传感器。阅读器为实现与标签的通信提供必要的能量。

3. 半有源标签

半有源标签不使用其电池组来传输信号,在通信方面,该类标签与无源标签一样,而电池用于在运输等情况下存储数据。这类标签一般用于在一定温度下的产品出货,定期记录商品的温度。这类标签在接收到阅读器的激活信号前一直处于空闲模式。

4. 有源标签

有源标签由以下几部分组成:

(1) 用于发射信号的电池(可为充电池,也可以是非充电电池)。

（2）处理器。

（3）存储器。

与无源标签相比,有源标签可以远距离读取数据。不过,有源标签信息会向外发射,从而引发商品安全性的问题。有源标签是由内部额外的扁平电池组供电,并允许数据读取和写入,其存储量也高达 10kb。

4.5 RFID 标签的优缺点

4.5.1 优点

即使是现在,条形码仍然是物流链中最常用的自动识别技术。因此,条形码就被作为评价 RFID 优缺点的参考。

与条形码相比,RFID 标签的优点在于:可以更新存储在 RFID 中的信息;信息存储量更大;数据存取速度更快;数据访问的安全性高;标签布置更灵活;就可扩展性来说,RFID 标签的使用寿命更长;受环境影响较小。

1. 数据更新

条形码中的信息被打印或标记时,其数据已经确定,不能再修改,而存储在 RFID 标签中的数据可以由授权人进行修改,对存储在标签上信息数量可以进行增减。因此,存储于 RFID 标签中的数据需要支持读写操作。

2. 存储

在技术发展进程中,为了存储大量数据,二维码从条形码的发展中脱颖而出。然而,条形码在工业和物流中仍存在很多问题,原因在于它们的印刷及读取条件比较特殊。多数应用广泛的条形码,其数据容量小于 50 个字符,在某些特殊情况下需要更大的标签,约为 A4 或 A5 纸张的大小。

RFID 标签可以轻松地在小于 $1mm^2$ 的面积上存储 1000 个字符,有的甚至可存储 10 000 个字符。例如,在很多固定的物流标签上,可以记录和读取多种产品的不同参数及它们各自的数量。这一技术的发展也解决了物理库存积压问题,可以实现对产品的精确跟踪及定位,并能够对产品的所有运输情况进行记录。

很显然,RFID 标签技术的应用使得数据录入及传输过程中的错误会减少,在获取了足够的信息后,还可以降低货品准备的时间。例如,当货架上的某种产品数量低于一个给定的阈值时会触发补货的选项。

3. 记录速度

在物流上使用的条形码往往需要硬拷贝打印,粘贴标签仍由手工或机械操作。而对于 RFID 标签来说,可以在货物处理阶段或初始包装阶段进行植入,与产品相关的数据被快速地写入物流或运输装置中,无须额外的操作。

4．访问安全

像其他任何数字系统一样，RFID 标签可以通过密码进行读取或写入的保护，可以加密数据。在标签中有部分数据可以自由获取，有一些数据被保护起来，该功能有利于防止数据非法获取以及防伪标签的设计。另外，防冲突系统使得同时识别几个物品成为可能，该系统可在最短的时间内识别多个目标。

5．标签的放置

为了能够自动读取条形码，标准化机构定义了物流的定位规范。RFID 标签不会受到光学阅读的限制，因为 RFID 标签不需要裸露在外面，它可以在包装里面甚至放置在产品内部。当 RFID 标签在阅读器的读取区域内，就可以检测到该标签。RFID 标签中的数据可以执行"动态"读取，标签的检测可以自动完成，使得 RFID 标签的可放置位置更多，使用也更加灵活。多数情况下，RFID 标签仅有一张邮票的大小。

6．使用寿命

当标签在同一个应用中多次使用时，例如用于服务支持或集装箱的识别，这些标签的寿命可高达 10 年以上。这些标签上有空白存储区域，并能够多次修改、删除或读取，且可重复操作 50 万次或 100 万次以上，因此这类标签具有较高的可靠性且非常物有所值。

7．使用环境

RFID 标签不需被置于物品的外表面，因此当物品在存储、处理或运输时，标签不易受到外界环境的影响。此外，由于标签与条形码的工作原理不同，标签的使用并不局限于条形码的使用范围。如果外部的封装不影响标签的读写操作时，标签可以封装在产品内部，使其能够承受外部环境的侵袭。

4.5.2　缺点

毫无疑问，RFID 技术具有众多优点。然而，RF 标签也有一些缺点，主要表现在：成本变动；物理环境的干扰；周围标签的影响；易受电磁波的干扰；不可打印；受健康方面的严格限制。

1．成本

影响 RF 标签价格主要因素有内存大小、封装类型、工艺、功能（尤其是安全性）、体积。

对于消费者来说，RFID 标签的价格显然高于条形码。实际上，印在产品包装中 EAN/UPC 条形码几乎没有成本，而同类型的无源自粘标签的价格低于 3 美分，有源的价格要高达 25 欧元。现在，在消费产品上使用 RF 标签代替条形码并不经济，但 RF 标签在反盗窃、高附加值商品，如家电和高保真音响设备的防伪及商品售后跟踪中是很有效的。撇开统一封装的问题，RFID 标签的成本与商品价值相比是微不足道的，因此，在消费产品领域，这些标签最初应用于箱子、托盘和传送装置上。此外，就识别和跟踪系统而言，也应当将阅读器的价格、RFID 的良好性能，以及在扫描物品时与条形码相比所节约的时间考虑在内。

由于有源标签需要电池，所以有源标签的价格很高。

2．物理干扰

RF 标签的读取会受到诸如金属等周围物体的干扰。在应用方案中应当尽可能将干扰减少到最低，类似的抗干扰技术已经实现，如已经应用在气瓶识别应用中。

3．标签间的相互干扰

在很多场合，多个射频标签会有意或无意地同时存在于阅读器的读取范围内，如在商店的收银台或防盗门处。应用该技术之后，没有经过收银台扫描过的被盗物品在经过防盗门时很容易被查出。当需要识别并读取多个标签的内容而不出现遗漏时，技术会变得更加复杂。在这种情况下，阅读器就需使用防冲突算法或相关技术来实现。

4．电磁干扰

有些时候，RFID 读取系统对计算机设备发出的电磁波的干扰更为敏感，计算机屏幕或照明系统及其他电气设备等都会产生干扰。因此，RFID 标签的使用必须考虑特定环境下的干扰情况。

5．不可打印

在条码技术中，可以将条形码作为一个条目打印在商品的发票或保修卡上。而对于 RFID 技术来说，由于所有的信息都存储在 RFID 芯片内部，无法印刷，因此无法作为一个条目打印出来。

6．法规问题

目前有一些关于射频有害健康的说法，该问题已经争论了很多年，特别是关于防盗门和移动电话的争论一直持续。由于无源标签本身不发射电磁波，因此无论其数量多少，标签本身是安全的，除非它们处于阅读器的读取范围内，因此研究基本上集中于阅读器上，目的是制定传输功率的相关标准，因为传输功率的大小会对心脏起搏器等有关身体健康的设备产生干扰。第二个争议的焦点是尊重个人隐私方面的话题。特别是在美国，消费者协会及一些自由捍卫者批评 RFID 技术侵犯了个人的自由，他们要求暂停该项技术的研究，直至相关的保护法律建立；在法国，CNIL 已经对 RFID 技术发表了自己的观点，2003 年 10 月 30 日，作为 CNIL 公司委员、Galeries Lafayette 副主席及法国 Barcode EAN 公司副主任的 Philippe Lemoine 在新闻发言中呼吁大家要提高警惕："虽然 RFID 技术是零售业的重要经济部分，但它却是个人隐私的潜在威胁"。在国际上，最初成立的 AutoIDcenter 中心直到现在的 EPCglobal 都特别注意对消费者的个人物品及个人权益进行保护。EPCglobal 鼓励企业向消费者告之在产品或包装上有 RFID，向消费者提供消除标签影响的方法，并利用适用的法律来确保存储在网络上的所有数据的安全性。

4.6　RFID 的应用场合

通常，RFID 标签被看作是基于 UPC/EAN 标准的条形码的替代或提高技术。实际上，每个产品的识别码应具有足够长的位数，可以为每一件物品分配一个唯一的编码，但目前使用的 UPC 代码只能是对一类产品分配一个编号。每个物品具有唯一编码的这一特性，使得 RFID 可以实现对物品从某一地方移动到另一地方或者从生产到消费的环节进行跟踪。正是因为 RFID 的这个特点,许多有供应链的生产企业将 RFID 技术作为解决可追溯性的最终技术,特别是涉及食物链上的卫生安全问题。在物品上放置标签时,人们会分析标签周围环境,通过与标签之间的通信可以使物品的管理更加方便。借助于标签的特性,也可以实现面向最终消费者的应用设计。下面是一些 RFID 标签的应用:

(1) 冰箱能够自动识别其内的产品并检查保存期限,以便优先使用易腐食品。

(2) 羊毛衫能够显示其在洗衣机中的清洗温度。

(3) 盘子能够显示其在微波炉中的烹调时间。

(4) 酸奶能够持续判定冷链环境。

(5) 通过植入的标签进行动物识别(一些国家,如比利时,已经强制性对猫和狗进行植入标签识别)。

(6) 通过识别技术,加快商品在商店特别是超市收银台通过的速度。

(7) 防止妇产医院中新生儿的拐骗案(如法国的 Montfermeil 诊所给新生儿使用带有 RFID 标签的手镯)。

(8) 各国官方文件中,标签可用于植入护照和签证,也可用于植入驾驶证(例如,用于记录驾驶员剩余的分数)。

在本章的最后部分,将重点说明具体的应用案例,其中一些已经投入使用。

4.7 应用实例

为了说明以上观点,本节将重点讲述 RFID 标签的具体应用实例,并给出每个实例中 RFID 技术的优缺点。需要注意的是,所述的应用实例都不是处于"工业化"阶段,其中一些处于测试阶段,还有一些仅处于构想阶段。

4.7.1 RFID 在商业中的应用

1. 消费行业:沃尔玛超市

这里以沃尔玛超市为例来介绍 RFID 标签在超市中的优势[TUT 06]。沃尔玛是美国名列前茅的公司之一,能够取得成功的部分原因是源于沃尔玛超市经营成本的优化。正如人们所看到的,使用基于 RFID 标签的信息系统的目的是降低成本。超市的目标是以最佳的方式控制每个环节,使公司能拥有一个完整的后续产品销售渠道,以提高整条供应链的效率。RFID 标签就可在超市和供应者之间建立联系。供应者将他们所有的产品上贴上识别标签,一旦这些产品到达沃尔玛仓储中心时,产品标签信息会立即扫描,其 ID 号也被储存起来。很快,不用拆开包装就可完成产品的库存清点。完成第一步后,再次扫描货架上的产品,就可以完成货架上产品的更新和库存数量的清点。一旦顾客购买了某个产品,它会自动从货架产品的列表中删除。当货架上的产品已经没有时,仓储中心的管理人员得到自动提醒并上货。使用 RFID 标签的库存管理并不只做这些,因为沃尔玛需要不断与它的供货商联系,让他的供货商了解产品的库存量及库存地点。因此,使用这样的系统使得沃尔玛错误量减少了,管理成本降低了,公司能够根据消费者的要求调整其供应,对库存波动的反应更灵活,货架上产品的清单整理得更快,并对货物的异常情况反应更快(如盗窃和产品过期、过时或变质)。在将来,RFID标签中会增加其他信息,例如,产品保质期使人们可快速评估哪些产品不宜食用,并迅速处理掉。

2. 制药行业:CERP实例

CERP是一家向多个药店提供药品的公司,该公司每天都要对大量的药品库存和药品配送进行管理。借助于RFID技术提升了公司的配送速度,因此公司决定建立一个实验性的存储中心。在这个中心里,每个药盒上都装了一个RFID标签,一旦将药放到药盒中之后,设备就会读取这些标签,并且这些药品会在运输和配送阶段再次被识别。使用这种方法能够及时更新库存情况,该方法对生产量很低、订货量少及接近过期的药品更为适用,获取这些信息的方法很简单,成本也很低。CERP药店中的这种信息构架,可以更有效地对药品库存进行准确可靠的数据统计管理。

3. RFID在商业中的其他应用

一般来说,RFID技术可以使商业获得很多利用:它可以提高供应链上所有环节的操作水平。一般情况下,这种技术可以显著减少人为错误,并降低成本,同时为客户提供全新服务,并可以提高顾客的满意度。RFID技术的许多应用已经开始使用或处于测试阶段,另一部分仍只是一种商业背景下的概念[COM 06]。例如:

(1) 作为防盗系统广泛使用的RFID标签(在大型企业中已经应用)。

(2) 采用RFID技术,可在服装店的试衣间中显示相应的衣服信息,给顾客试穿衣服的建议。

(3) 利用与手持式电脑相连的阅读器,供应商可以获得产品的众多信息,检查库存,并下订单。

(4) 可以在产品上贴上RFID标签来追溯产品的历史、位置和管理库存。

(5) 自动收银台:顾客在交易平台上扫描商品并完成现金支付,而不需要通过收银员的操作进行支付。

(6) 利用RFID可以对商品进行售后跟踪服务:如果授权了,可以给公司提供标签的历史记录(必须经过身份验证)。

在不久的将来,RFID标签的普遍性会使零售业和商业领域转型。然而该技术也有一些弊端:

(1) 反RFID协会呼吁放弃这项技术。

(2) 必须保证个人的隐私(攻击者不会利用标签识别来跟踪某人)。这个问题可以使用加密技术来解决。

(3) 当处于供应链上的合作者都适应RFID技术的工作原理时,使用这种技术才最有效。

(4) 将RFID整合到现有的信息系统中需要很大的投资。

(5) RFID标签的价格明显高于条形码,目前很难对所有产品都配备 RFID 标签(例如,目前往所有的牛奶纸箱上粘贴 RFID 标签就很不经济)。

4.7.2 访问控制

访问控制包括检查某个人或实体是否有权访问某个资源。RFID 技术正在广泛地在该领域中使用。

1. 进出控制

对于比较重要的公司或地点,进出管理是至关重要的。采用 RFID 新技术解决该问题的方案是:有访问权限的人都有一个允许其进入的 RFID 标签,当阅读器通过读取标签检测到了某人具有进入的权限后,大门才会被打开。

2. 交通控制

巴黎交通网络中 Navigo 通行卡可以让用户快速通过安检门。安检门上相关设备负责验证持卡人的信息、授权进入的区域、持卡期限,如果具有充足的权限便可以获准通行。这种系统已经开始在法国和世界各地的许多城市广泛使用。

3. 活动管理

最近,在一些活动(音乐会、体育赛事等)中,假票事件时有发生。门票(主要是打印在纸上)很容易伪造,因此需要时间来核查门票的真实性,但如果使用带有 RFID 标签的门票则可以加快门票检查的速度,并避免了假票的产生。2006 年的世界杯足球赛和 2008 年的北京奥运会上都采用了这种特殊的方法。

4.7.3 RFID 在文化领域的应用

1. 图书馆

在图书馆中,在书籍中装上标签可极大地方便书籍的借阅和归还。其优点有:

(1) 方便快速地存放。

(2) 在 CD / DVD 上配上标签,这样无须打开包装盒就可以知道 CD/DVD 上的内容。

(3) 标签上可增加防盗功能。

(4) 简化了借阅和归还程序,也可实现书籍自动返回功能。

现在巴黎的多个图书馆都采用了带有 RFID 技术的信息系统,大大方便了图书和数字作品的管理。除了这些优点之外,当然也存在一些缺点:

(1) 部分产品含有干扰标签正常工作的金属元素。特别是某些诸如 CD/DVD 光盘的数字图书和产品。

(2) 初始投资比较大:必须在图书馆中的所有作品上都装上标签。

(3) RFID 标签的防盗功能有限,RFID 标签有时会轻易地从其所依附的物品上除去。

(4) 标签的价格也限制了其应用范围。

(5) 巴黎的图书馆中使用不相同的 RFID 技术,而标签间的互操作性不易实现(人们需在不同的图书馆借书和还书)。

2．其他应用

RFID 还可用于资讯目的。例如，一些艺术画廊在他们的画上装上标签，并通过连接到 PDA 上的蓝牙笔读取这些画的信息，参观者可通过了解展出作品的信息来确定自己想看的画。博物馆也可以使用类似的技术，当参观者来到博物馆时，工作人员会交给他带有 RFID 阅读器的盒子，当他站在展品前时，盒子开始传播相应的信息，并以声音（耳机）和图像（PDA）的形式将信息传递给参观者，这样可使参观者在不需要向导的情况下获得更多的实时和互动服务，这种服务方式也非常实用。

4.7.4 支付管理

现在，在支付领域使用 RFID 技术还较少。这大概是源于使用者对 RFID 技术缺乏积极性及信心。而研究者也正在致力于降低风险的系统研究，以提高人们对该项技术的信心。

1．为司机提供的服务

在新加坡，有一些公路是要收费的。司机会携带一张带有 RFID 标签的卡用于司机的身份识别，并完成在收费公路（由收费站为界）上的自动缴费。加油站也使用类似系统，司机只要出示他的 ID 标签，完成加油并自动缴费。以上两种情况时，尽可能缩小 RFID 阅取器的操作范围是很重要的，需要缴费的驾驶员需要确保不要有其他携包人员靠近阅读器。法国也实施了名为 Liber-t 的自动缴费支付服务系统，该系统使得法国所有收费公路通行效率更高，并为司机提供了简捷、舒适和安静的支付环境。司机再也不需要有拉下车窗取票、刷卡或找硬币等付费行为了。

2．非接触式支付

目前非接触式支付系统还很少见。CROUS（一个法国的学生团体支持服务）已经在大学的餐厅使用了基于非接触式系统的 Moneo［MON］。其他系统仅仅对个人标签进行识别，并收取费用（通过链接客户 ID 号来识别）。目前有几个类似的系统还处于测试阶段（见［L'A 08］）。然而，阻碍非接触式支付扩张的原因是其需要一个庞大的支持系统，如果消费者都不能在附近商店中使用非接触支付，那他还会关心什么呢？为了大规模推广和使用这种方式，需要在商店中大规模发展这项技术。

3．夜总会中的应用

世界上很多夜总会，尤其是荷兰和西班牙，会为他们的 VIP 客户配备带有 RFID 标签的会员卡。夜总会中有特定的 VIP 专区，VIP 客户可以持带有 RFID 标签的会员卡进入 VIP 专区并进行费用支付，而多数情况下该标签只有米粒大小，并植入皮下。因此，VIP 会员可以轻松地定购饮品，也就是说，夜总会的 VIP 会员不再需要携带信用卡或任何可以证明他们身份的文件，就可进入俱乐部。

4．宾馆中的应用

借助于 RFID 技术，酒店可以为其顾客提供全新的服务，大大简化顾客"登记入住"的过程。顾客进入酒店时不再需要随身携带钥匙、餐券甚至信用卡，便可以到宾馆消费或享用早餐。顾客只需出示其带有 RFID 标签的出入卡就可进入房间或获取服务。

4.7.5 RFID技术与健康

医疗领域从 RFID 技术中获取了巨大的便利。借助于 RFID 技术，该领域中每个人（如护士）的许多重复性工作都可自动完成，这也会大大减少人为的错误。

1. 麻醉剂量

在手术中，麻醉师负责管理适当的麻醉剂量。这是一项精细的操作，因为麻醉剂量要足够病人正好能够进入睡眠，同时麻醉剂也不宜过量，否则可能会对病人的身体造成不可逆转的损害或副作用。

为了协助医生掌握用于患者的麻醉剂量，有人提出从静脉注射麻醉剂的方法，医生必须努力使病人血液中的麻醉剂量保持稳定，为此需要多个含有不同剂量麻醉剂的注射器。利用 RFID 标签就可以根据病人的状态自动确定注入患者体内的麻醉剂量。当然，为了确保注入的准确度，这些标签内必须正确写入相应的信息，注射器中除了有经过计算的麻醉剂注射量，该系统禁止采用注射器注射。这样做的目的是减少人为错误，并给患者注射经过校准的麻醉剂量，同时减少副作用。

2. 血样管理

对献血来说，管理用于测试或存档的血样是非常重要的，该工作烦琐且易于出错。RFID 标签的使用可以使整个管理过程变得非常方便。

当为血液样本装上标签后，通过 RFID 阅读器可以找到血液的相关信息（主要是血型及 Rh 血型信息）。因此，当 Dupuis 先生为 Dupont 先生献血时，工作人员就可使用带有 RFID 阅读器的计算机系统来确认血液是否匹配。一般情况下，这种方法可以显著减少人为错误。值得注意的是，计算机的使用可方便地将献血者的相关信息隐藏，而献血者的信息可以加密保存在计算机内。尽管现在的血样管理系统广泛使用条形码技术，但由于员工的减少迫使医院工作人员提高工作速度和工作效率，不可避免地会出现错误。同时，在发生重大危机时（如需要为多人同时输血），RFID 技术的使用就显得非常有效，此时仅需少数人员控制操作，医务人员可以将其注意力集中于采集血液上，以此提高工作效率。

最后，在血样管理中使用 RFID 标签，可在血样寿命期中的任何时间对血样进行质量检查。当然，该系统也可为人们生成精确的统计数据。

3. 药物跟踪

如今，市面上出现了越来越多的假药，存在着潜在的危险。利用 RFID 技术可以准确地跟踪和验证药物的"身份"，而现在所使用的条形码技术并不可靠，因为条形码技术很容易被仿造。另外，通过去除药物的标签也不能扰乱药品的鉴别，因为如果药物上没有了标签，就必须考虑这种药物是假药的潜在危险。

显然，为了达到对药品进行保护的效果，每种药物盒和药板上都装有标签，每个标签都有一个唯一的识别码、序列号、有效日期、生产日期或其他可以证明药物完整性的信息。供应链中的每一环节都将会按照这种方法来保证药物的有效性，因而可以有效地避免假药、过期药和毒品的泛滥。然而，在药物跟踪上使用该技术也不可避免地存在成本问题，贫穷国家受到假药的危害最大,但到现在在药品管理上却因为价格问题不能采用RFID技术。

4. 食品跟踪

由于目前的食品安全问题(如疯牛病、禽流感等),使得确定商品的原产地就更加重要。正如前面所看到的,RFID技术的出现就是为了确保消费者的信心。产品标识为"生物科技"的就是真的采用"生物科技"吗？使用RFID技术能够可靠地追踪产品的产地。

4.7.6 欧洲生物护照

欧洲将RFID技术用于生物护照,以提高身份证明文件的安全性,诸如公民的姓名、指纹和照片等信息,都存储在标签中,利用阅读器就能方便地验证护照并获取护照内的相关信息,以确定护照的主人。

4.7.7 展望

上面列举的很多例子和应用都是基于小规模集成应用,并根据某特定需求开发并实施。未来的RFID技术会将世界上所有的标签实现互联,并在更广的范围拥有巨大的应用潜力。RFID技术可以预见的优点主要有:

(1) 在全球或某个国家区域内,利用相同的技术更好地实现客户/供应商数据和库存管理。

(2) 全球标准化的体系结构将会给不同RFID用户提供一个相互交流的平台。

(3) 在产品生命周期内更好地实现产品追溯。

一般来说,RFID体系结构将大大简化物品之间的交流,而RFID的相关标准可使该技术在产品上发挥最大优势。最后,以上所举的使用RFID标签的实例许多还处于设想阶段。

4.8 结论

根据本章对两种不同识别技术应用实例的介绍,不难看出,在未来几年中会逐步解除对RFID技术开发和实施的相关限制。一方面,要对RFID技术的前景做最坏的设想,即认为RFID技术开发会停滞不前,甚至被中止。这些最坏的情况包括三种情况,一是由于价格的因素使得超市不再向RFID阅读器和标签的研制投资;二是诸如像消费者反超市侵犯隐私和编号组织(CASPIAN)提出RFID标签侵犯消费者个人隐私的问题[CAS];三是科学研究表明,射频电波会危害健康。基于以上原因,RFID标签会被抵制,而RFID技术的生产商无法出售自己的商品,因而也就不能对RFID研究进行投资,RFID项目就会被迫放弃,RFID标签也就不能进行开发直至被遗忘,而条形码仍然是市场的领导者。

另一方面,想象RFID技术有一个良好的前景,RFID技术获得大量的研发投入。对于出版业,无论论文还是专利,这项技术得到广泛应用,由于生产成本的降低而使标签成本下降,因而RFID的应用领域不断扩大,如对个人的识别和认证、非接触式支付等,并在配送中心配备RFID标签阅读器。

但是,除了这两种情况,某些问题的出现可能会打破上面提到的两种理论的平衡,而偏向某一种理论。正因为如此,人们采取相应措施,并制定相关的法律,用以解决有关消费者个人隐私的保护、射频电波对人体影响等诸多问题。正如前面已经提到的 RFID 技术可能对人产生的危害。例如:

(1) 利用窃听技术来获取个人的隐私。

(2) 利用护照标签内的信息来选定某些国家的人员。

(3) 根据个人的消费习惯(饮食、文化等)等来记录公民的信息。

(4) 经济主权与 EPCglobal 网络基础设施之间的潜在问题。

(5) 在皮肤下植入芯片引发的伦理问题及公民人权问题。自愿植入并不能给人们提供足够的担保,任何拒绝这种皮下标签的人都有可能成为歧视的受害者。

(6) 通过射频标签(银行卡、手机、乘车卡等)的签名对公民身份进行识别。

(7) RF 信号可能危害个人健康,或干扰人体中安装的生物治疗仪或接收器的工作。

4.9　参考文献

[CAS] CASPLAN,http://www. nocards. org.

[COM 06] COMMEAU C. , http://www. journaldunet. com/solutions/0603/diaporama/magasins-futur/1. shtml, 2006.

[EPC] GS1,http://www. epcglobalinc. org.

[GOM] GOMARO,http://www. gomaro. ch, 2010.

[ISO] International Organization for Standardization,http://www. iso. org.

[L'A 08] L'ATELIER-BNP-PARIBAS, http://asie. atelier. fr/telecom/mobilite/article/sur-le-vif-une-carte-de-credit-en-porte-cles, 2008.

[MON] Moneo,http://www. moneo. net.

[TUT 06] Walmart and RFID: A Case Study,http://www. tutorial-reports. com/wireless/rfid/ walmart/case-study. php, 2006.

第三部分　RFID加密技术

第 5 章　RFID 加密技术

RFID 加密技术

5.1　前言

　　RFID 标签通常是称作 CLD(contact less device)的非接触式装置。为了识别 RFID 标签,近几年提出了多种协议,这些协议必须满足一系列的安全原则,特别是保证黑客不能窃取合法的 RFID 标签。黑客可能会使用多种办法突破身份验证系统,这些手段包括窃听远程通信、查询标签、攻击读写器、重新播放或使用采取不当手段获取的数据、改变通信、执行协议过程中使用多个标签,等等。

　　RFID 标签所具有的性质可以保证 RFID 标签的身份识别,但同时也应将无线通信的性质考虑在内。事实上,存在对 RFID 发出信息进行远程监听的可能性,因此不要将个人信息通过 RFID 进行发送。在没有具体保护措施的前提下,有可能远程跟踪 RFID 标签,如跟踪某个人的活动。为了避免这种情况,尊重个人的隐私,有必要制定相应的标准。

　　现如今,RFID 技术已经得到大规模应用。一些现有的解决方案主要基于专用方案,如采用尚未发布的规范算法。近年来,其中一些专用方案由于存在缺陷,因而成了头条新闻。

　　例如,可控制车门开关及天然气购买的数字签名应答器(DST, digital signature transponder)系统,制造商生产了超过 700 万的 DST 标签,并在 10 000 个加气站使用。但在 2005 年 USENIX 安全专题讨论年会上,有人揭示了如何破解这个系统[BON 05],从组件的逆向工程开始进行攻击,发现其应用密钥太短。

　　最近,RFID 技术的发展又返回到 MIFARE Classic 1k 时代。目前的加密系统,不但可以进行读写器和标签之间的双向鉴别,而且可以控制对卡上数据的访问。MIFARE 系统已在伦敦和阿姆斯特丹的公共交通支付上大规模应用了,该系统使用了 CRYPTO1 专有加密算法。很多研究人员运用不同的方法找出了 CRYPTO1 算法每一步的细节[GAR 08, NOH 07, KON 08]。后来,在 2008 年 ESORICS 年会上,详细描述了 CRYPTO1 加密算法的缺陷[GAR 08]。

本章由 Julien BRINGER、Hervé CHABANNE、Thomas ICART 和 Thanh-Ha LE 编写。

这些实例告诉我们应该遵循学术方法，这些实例也可以参见 5.4.3 节，应该基于已出版的更加可靠的 RFID 协议［KER］。本章将详细介绍这些理论方法，为此，在本章中将首先介绍识别协议的安全模型，并考虑个人隐私保密性问题；然后介绍文献中提出的不同协议下的应用实例。在本章中还对 RFID 标签的物理攻击进行了简要概述。

5.2　识别协议与安全模型

本节中，首先对用于描述识别协议的符号进行定义和描述，然后再正式提出与安全相关的概念，最后详细介绍隐私权的概念及隐私权所涉及的问题。

5.2.1　识别协议的定义

识别协议是一种在两个实体间使用预定算法的机制，这两种实体算法分别记作 $\mathcal{P}$ 和 $\mathcal{V}$。算法 $\mathcal{P}$，称为证明者（prover），目的是向算法 $\mathcal{V}$ 证明具有一个数字识别号。算法 $\mathcal{V}$，称为验证者（verifier），目标是验证证据的一致性。$\mathcal{P}$ 的标识的数值至少被 $\mathcal{V}$ 所知道。

$(\mathcal{P}, \mathcal{V})$ 之间的协议是一种信息的交换，当某一识别协议允许 $\mathcal{V}$ 完成身份验证时，最后一条消息由 $\mathcal{P}$ 发送。在一般情况下，协议的执行只需要发送两到三个消息，必要时可连续多次执行该协议，以确保 $\mathcal{P}$ 权限的准确性，并将协议建立期间的信息交换称为协议副本。

根据加密类型，证明者和验证者拥有并分享不同的信息和身份。在对称情况下，每个证明者 $\mathcal{P}$ 具有一个用于确认其身份的唯一密码 K_P，并且验证者也知道这个数值（针对系统中的所有证明者），以此验证由证明者提供的证明条件。在不对称情况下，$\mathcal{P}$ 分别有一个公用的和私有的密钥对 (K_P^b, K_P^i)，公用的密钥对应其身份；此时，$\mathcal{V}$ 只知道公用密钥，同时协议允许 $\mathcal{P}$ 证明它知道与其身份 K_P^b 相关的私有密钥的数值。

在以上两种情况中，都利用了一个与协议相关的 VERIFY 函数，使 $\mathcal{V}$ 可以验证副本的权限。该函数应用于协议副本、$\mathcal{P}$ 的标识符以及其他与 $\mathcal{V}$ 相关的密文数值上。如果副本是授权的，该函数会返回一个指示位。该函数可以用于识别 $\mathcal{P}$。这时，$\mathcal{V}$ 在副本上及所有不同的标识符上（依情况而定使用 K_P 或 K_P^b）使用 VERIFY 函数。在计算时间方面，这种方法不是最佳方法。在某些情况下，可利用 COMPUTEID 函数从副本中或其他与 $\mathcal{V}$ 相关的值中找到 $\mathcal{P}$ 的识别符。

5.2.2　传统安全理念

1．正确性

协议的正确性就是确保识别出真正证明者的概率接近 1，即协议就是一种身份识别协议。一般情况下，利用 VERIFY 函数或 COMPUTEID 函数进行正确性验证计算是比较充分的。

2. 抗伪装攻击

确保不接受非法证明者也是非常必要的。下面将这种非法证据称为攻击者,并用 A 表示在识别协议中试图寻找安全漏洞的个体,如果攻击者不能提供有效的副本,即不能被 VERIFY 函数认可的副本,则认为该协议具有抗攻击性,该副本与之前的副本不一致。不同类型的攻击者代表了不同程度的威胁,可根据攻击类型来定义攻击模式:

(1) 被动攻击。只知道公有信息,并且不能与 $\mathcal{P}$ 互动,因此该类型的攻击性较小。

(2) 窃听攻击。仅仅通过窃听 $\mathcal{P}$ 和 $\mathcal{V}$ 之间的通信来与证明者进行对话,并获取信息。

(3) 主动攻击。利用隔离法来与证明者进行通信,或使用响应验证者发送的消息来获得信息。后一种类型的攻击称为中间人攻击(MTM,man in the middle)。

(4) 并行攻击。这种攻击方式属于主动攻击,这种攻击方式能够同时与同一个证明者创建多个协议会话。

这些不同的攻击模式都与真正的威胁相关。例如,对于某些类型的标签,被动窃听的距离可能高达数米。被动或窃听攻击者代表那些没有 RFID 标签,但具备雄厚的技术来模拟或窃听标签信息的攻击者;主动式或并发攻击者拥有大量的 RFID 标签,并且能够利用这些标签来攻击安全协议。

注意:上述的模式中没有考虑重放攻击(relay attack),这种攻击发生在合法标签与其读写器之间的对话被转发时[HAN 05],也没有考虑拒绝服务攻击或 RFID 系统[RIE 06]感染病毒的网络攻击模式[RIE 05]。不过,利用 RFID 防火墙对 RFID 信号进行了保护,该防火墙决定了标签外部发射波长的频段。

3. 零知识协议

基于非对称加密的识别协议往往是与其身份相联的私人密钥知识的证明,该知识的重要之处在于,相关的证据不会显示与个人密钥相关的信息。如果可以证明验证者没有证明者的私有密钥的信息,则该证明就称为零知识(ZK,zero-knowledge)。当该证明是一个互动协议时,则称为 ZK 协议。

为了证明这个属性已经实现,可以使用证明者模拟技术,并且必须在没有私有密钥知识的情况下模拟证明者的行为。ZK 证明是诚实的还是恶意的验证者,需要根据验证者面对模拟器时的类型而定。如果验证者是诚实的,无论消息是否是由证明者发送,验证者都会选择该消息;否则,验证者会依据策略来选择由证明者发送的消息,以此来学习秘密的相关信息。

ZK 策略的研究在加密技术中占有非常重要的地位,因此本书中会给出用于 RFID 的加密方案的实例。

5.2.3 隐私权的概念

隐私权是一个与 RFID 加密方案相关的重要概念。如果可以证明 RFID 标签的持有人是匿名的,并且不能被其他人所追踪到,则该协议具有隐私权。

1．隐私权的泄漏途径

第一种隐私权泄漏的类型是个人信息的检索能力，比利时电子护照的早期版本中就发生了这种问题[AVO 07]。更普遍的是，如果有可能找到与标签相关的信息，则该协议就不是匿名的。例如，如果通过简单的窃听或主动攻击就能够找出护照的身份，则隐私权就泄漏了。

隐私权也可通过其他途径泄漏。例如，即使不能计算与标签相关的所有数值，攻击者也不能确定协议的多个副本是否由同一个 RFID 标签所发送。如果可能，则攻击者就可以轻易地远程追踪到某个人。同时也还有其他的许多泄漏隐私权的途径。如果某个攻击者能够将标签毁坏，并得到其内部与秘密相关的状态信息，则他不但可以确定在过去发布的副本的来源，还可以跟踪 RFID 标签今后的交换信息。

如果无法确定旧的副本，则该方案被称为正向隐私权；如果无法确定新消息的来源，则称它为反向隐私权。此外，攻击者可以利用 VERIFY 函数的结果来获取信息。事实上，在信息传递过程中修改了由标签发出的信息后，这个函数演变出来的正面或反面的结果都能释放大量的信息，此种情况下的协议在 5.3.1 节第 6 部分中给出。

2．隐私权的定义

隐私权的定义有很多种模型，对 ASIACRYPT 2007 [VAU 07]提出的模型进行了总结。该模型的主要思想是将隐私权看作模拟某一系统的可能性。事实上，在没有任何有关真实系统私有信息的情况下，如果攻击者无法区分一个系统的真实性，则意味着不存在信息泄露。

注意：文献[JUE 07，LE 07]中提出了多种不同的隐私权模型，而这里选择了一种常用的模式进行介绍。

该模型将前几节中介绍的不同类型隐私权泄漏都加以了考虑，而不同类型的隐私权泄漏依赖于对攻击者的授权行为，而这些行为则可通过与攻击者交流时的预言机（oracles）来表示。

1）预言机

攻击者会影响对以下几种预言机的调用：

（1）CREATECLD(SN)创建一个与序列号（SN）有关的新 RFID 标签。

（2）DRAWCLD 允许随机选择之前预言机所创建的众多标签的其中几个，并随机给这些标签分配一个虚拟的序列号（vSN），在表 $\mathcal{T}$ 中 vSN 和 SN 之间的对应关系是保密的。SN 用于在系统中的标签识别，而攻击者只能看到 vSN。但如果攻击者可以将不同的 vSN 连接到同一个 SN，这也是很危险的。

（3）FREE(vSN)将 DRAWCLD 使用的 RFID 标签解脱出来。

（4）SENDVERIFIER(也可写作 SENDCLD)可让攻击者通过将提供的消息作为输入的方式来询问验证者（或询问 RFID 标签）。

（5）VERIFY 验证与协议正常执行相对应的副本是否能识别标签。

（6）CORRUPT 返回 RFID 标签的内存。

2) 攻击者

根据攻击方式不同，一般有以下几种攻击者形式：

(1) Strong 攻击者可以访问所有预言机。特别是它可以通过 CORRUPT 破坏 RFID 标签，获取内存数据，然后再利用被攻击的标签来追踪标签持有者。

(2) Forward 攻击者一次仅能使用一个 CORRUPT 预言机。一旦执行了调用，则视为破坏了该系统，便不再具有使用其他预言机的权利，只能使用目标标签的内存信息和他此前已经获得的协议副本。

(3) Weak 攻击者不允许使用 CORRUPT。

(4) Narrow 攻击者不允许使用 VERIFY。

Narrow 攻击者可以与 Strong、Forward 和 Weak 这些类型的攻击者进行组合，所以可以定义六种攻击者类型和六种隐私权类型。例如，如果 Narrow-Forward 类型的攻击者不能对某方案的隐私权进行攻击，则该方案就称为 Narrow-Forward 型隐私权。

具体地说，隐私权是按攻击者不能从某一模拟系统正确找出真正的 RFID 系统来定义的。为了验证这一点，定义了一种被称为模拟器(simulator)的算法，记为 β(用于 blinder)，该算法可用于模拟 SENDVERIFIER、SENDCLD 和 VERIFY 预言机，且不受 DRAWCLD 函数的控制，同时要求算法 β 不能用于 SN RFID 标签，特别是它不能将 ID 标识号链接到 RFID 标签上，导致 β 在不知情的情况下链接到 vSN 上，从而改变标签的对应关系。需要定义一组攻击(可用于测算攻击者成功的概率)来完成此定义，即理论上，攻击者将采取所有可能的攻击行为来达到猜测出与其进行交互的是哪个系统。在这种情况下，攻击者会与实际系统相连接，然后面对模拟系统。如果攻击者可以区分这两个阶段，就会泄露隐私。因此，如果能证明难以区分这两个阶段，协议便能够保护隐私，特别是当用算法 β 来模拟 SENDVERTIFIER、SENDCLD 和 VERIFY 预言机时，必须对这两个阶段进行区分。

但应注意的是，算法 β 不能用来模拟 CORRUPT 预言机的调用。事实上，在每个 DRAWCLD 之后，如果攻击者在真实系统中使用 CORRUPT，则它会获得 RFID 标签的内部状态，从而能够在每次调用 CORRUPT 后继续对 RFID 进行跟踪。在模拟系统中，鉴于算法 β 在 DRAWCLD 中没有优势，因此不能以同样的方式对隐私权进行多次模拟，这种模型仅仅考察了其他预言机对隐私权的影响。

Vaudenay 在文献[VAU 07]中建立了非常有用的引理，该引理将隐私权与安全性联系起来。

引理：一个对伪装攻击和 Narrow-weak(或相应的 Narrow-forward)隐私权不利的安全方案具有弱(或 Forward)隐私性。

这一结论是基于以下情况，即如果协议是安全的，则使用 VERIFY 函数不会提供任何信息，因为攻击者不可能成功地生成被这个函数接收的消息。

3. 具有公开身份或隐藏身份的新型攻击者

最近，文献[BRI 09]推出了两款新的带有公共密钥识别协议类型的攻击者。事实上，RFID 标签的公开密钥列表既可以自由分布也可以保密，访问这个列表的攻击者可以用它来追踪带有公开身份(public identify,PI)的标签,如果 RFID 标签不能被跟踪,则称为隐藏身份(hidden identity,HI)。

注意:当是 Strong 攻击者时,这种区别是没有用的。事实上,Strong 攻击者掌握所有的秘密,因此能够计算出所有的公共密钥。

5.3　识别协议

本节将介绍几个关于协议的实例,这些协议包括对称协议和非对称协议,主要用于确保不同级别的安全性和隐私权。协议安全性的概念和效能都很重要,当一个系统中包含了大量的 RFID 标签时,特别要关注系统的可扩展性(或尺度)问题。当有 N 个标签时,如果操作者只能用 $O(Log(N))$ 操作来识别标签,则协议是可扩展的。用 L 表示包含在系统中的标签的标识列表,这个列表通常存储在验证者中。

标签的实施成本也是需要考虑的问题。就成本而言,必须考虑两个主要的实施约束:第一个约束是物理空间,与空间要求相比,经常使用等效门(gate equivalent,GE)的概念,一个 GE 等于一个 2 输入的 NAND 门;第二个 RFID 标签的约束条件是各部件的功耗,由于传输模式的限制,系统的功耗一般被限制到几微安。

5.3.1　基于对称加密的协议

由于对称加密协议可确保硬件实施的有效性,因此得到广泛研究。在这种情况下,中央系统和标签共享一定数量的密钥,并且标签必须证明具有识别密钥的知识。到目前为止,这些协议中只有一个协议能够保证隐私权(参见本节第 5 部分)。一般来说,这些对称协议不能达到预期效果,因此,读写器必须进行与系统中 RFID 标签数量成比例的计算。当然也有一些例外,如 Molnar 等[MOL 04]的研究。然而,该协议具有一种特性:标签之间共享密钥。因此,一个标签的损坏将泄露其他标签的密钥信息。

1. 密码学性质

在下面提到的协议中将使用哈希函数。加密哈希函数[MEN 96]是一种变换,它将任意长度的信息作为输入,并返回一个长度较小且固定的值,该值称为哈希(或散列)值。

设 $H:\{0,1\}^* \to \{0,1\}^n$ 是可以接收任意二进制输入消息的函数,并返回具有 l 位的哈希值,这个函数必须具有以下性质:

(1) 抗原像攻击(pre-image resistance)。抗原像攻击(或通用单向性)就是要确保不可能找到给定哈希值的前身(或 pre-image):在 $\{0,1\}^n$ 之间给定一个攻击者不知道其原像值的 y,除了极个别情况,一般情况下攻击者不能找到或计算出消息 m',使得 $H(m')=y$。

如果 m 对攻击者来说是未知的,则 $y=H(m)$ 应该是成立的。

(2) 抗第二原像攻击(second pre-image resistance)。此属性是指在给定随机消息 m' 时,很难找到第二个消息与已知消息的哈希值相同。一般情况下,攻击者不能找到与 m 不同的消息 m',使得 $H(m')=H(m)$。

（3）抗碰撞性（collision resistance）。这种属性是前一种属性的扩展，即在一般情况下，无论如何选择 m，攻击者都不能找到 m 与 m'，使得 $H(m') = H(m)$。

2. 对称本原的实现成本

1）哈希函数

由于 SHA-1[NAT 95]已经被定义为 NIST 标准，SHA-1 算法作为主要哈希函数使用，直到其继任者 SHA-3 算法[NAT 08]比赛结束，因此很有必要研究其在 RFID 中实施的可能性。SHA-1 算法是为 32 位平台而设计的，但也在有限的资源下开展了一些针对其体系结构的研究，文献[O'N 08]中就通过将所有 32 位操作转换成 8 位操作的方法，定义了一种 8 位的设计，这种实现要求在 100kHz 时有 5527 个 GE、功耗为 2.32μW。在文献[SHA 08]中也设计了一种特殊的应用于 RFID 标签中的哈希函数。

2）加密算法

在下一节将提到的对称加密协议不使用加密算法，而是使用哈希函数。然而，在特定模式下使用加密算法时[MEN 96]，加密算法也能具有哈希函数的特征，同时使用哈希函数来确保数据的机密性也很有意思。自从 2001 年取代了 DES，AES（高级加密标准）就被 NIST[NAT 01]当作加密标准的密文块。AES 是 Daemen 和 Rijmen 提出的，并成为了最流行的对称加密算法之一。尽管该算法在很多应用中使用，但该算法的硬件实现主要集中在吞吐量的优化上。然而，2004 年 Feldhofer 等[FEL 04]提出了一种适用于 RFID 环境的实现，结果令人振奋，即在 0.35μm CMOS 工艺中，该设计的功耗为 8.15μA，硬件复杂度约为 3595 个 GE[FEL 04]。对已公布的该实现的最新版本[MAR 05]的真实部件进行测试表明，该新版本共有 3400 个 GE，其功耗约为 3μA。

PRESENT[BOG 07c]是根据 AES 标准原理设计的，将 RFID 标签作为应用目标。在最初的版本中，PRESENT-80（具有 80 位密钥）的实现使用了 1570 个 GE，而 PRESENT GE-128 的实现则占用了相当于 1886 个 GE 的面积。最近在 2008 年，出现了一种基于序列化结构的新的 PRESENT 类型的应用[ROL 08]，这种改进使得电路的规模可以减少到 1000 个 GE。

在 HIGHT[HON 06]（3048 个 GE）、mCrypton[LIM 05]（3500～4100 个 GE，用于加密和解密，只有 2400～3000 个 GE 用于加密）及 DESL[LEA 07]（1848 个 GE）中也提出了其他类型的函数及 RFID 的应用。

2008 年的欧洲 eSTREAM 项目中，在研究各种流密码算法的安全性和有效性的基础上定义了推荐算法的组合。对于在资源有限部件的硬件实现而言，这个组合包含了三个算法：Grain、MICKEY 和 Trivium。文献[FEL 07b]将 Trivium 算法和 Grain 算法在实现上进行了详细比较，证明了在安全程度相同的情况下，对于一个 0.35μm CMOS 工艺，Grain 算法的平均功耗是 0.68μA，物理空间为 3360 个 GE；Trivium 算法的平均功耗为 0.80μA，物理空间为 3090 个 GE（参见[FEL 07a]）。在 eSTREAM 项目进行过程中，也进行了其他的研究，并提出了多种流密码函数，项目相关的资料可通过网站 http://www.ecrypt.eu.org/stream 获得。

表 5.1 在总结各种因素的基础上,给出了这些实现中所提到参数的汇总。

表 5.1 一些对称本原的实现

本原算法	实现规模/GE	功率/μW	平均电流/μA
SHA-1 [O'N 08]	5527	2.32	?
AES [MAR 05]	3400	?	3
PRESENT [ROL 08]	1000	11.20	?
Grain [FEL 07a]	3360	?	0.68
Trivium [FEL 07a]	3090	?	0.80
HIGHT [HON 06]	3048	?	?
mCrypton [LIM 05]	3500~4100	?	?
DESL [LEA 07]	1848	8.0	0.89

3. WSRE

Weis 等在文献[WEI 03]中介绍的被大众熟知的 Randomized Hash Lock 协议,证明者(prover)使用一个哈希函数 H 来证明其私有密钥的知识,该方案如图 5.1 所示。

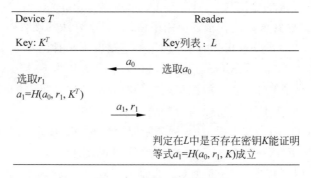

图 5.1　WSRE 识别协议

如果 H 是抗原像攻击的,则该方案在抵抗主动伪装攻击时是安全的,并具有弱隐私权。

然而,该方案不是 Narrow-Forward 隐私权,因为密钥 K^T 的知识使我们可以通过检测是否存在 $a_1 = H(a_0, r_1, K^T)$,来直接检测之前所观察到的副本 (a_0, a_1, r_1) 与损坏的标签连在一起是否成立,也应注意到该方案的一个严重的缺陷,即不可扩展性,因为验证者(verifier)必须检查所有身份最终的等价性。

4. MSW

Molnar 等[MOL 05]提出的方案避免了这些麻烦,该方案具有扩展性,并允许将部分验证权利授权给其他验证者。根据哈希函数的树形原理,该方案运用了一个特定结构的密钥,如图 5.2 所示。

在系统初始化期间,可信中心(trusted center)生成了一个密钥树,如一个二进制树。在这个树形结构中,每一片叶子代表一个 RFID 标签,且每个标签都知道从沿着树根到叶子的这一路径上所有密钥的 $K_1, \cdots, K_d$。当读写器发送一个随机值 a_0 来询问标签时,证明者就

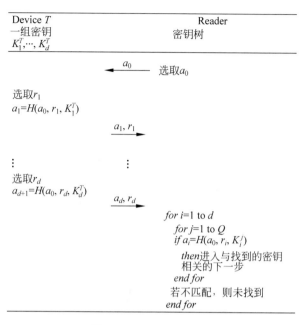

图 5.2　MSW 识别协议

会生成一个新数值，即 $H(a_0,r_1,K_1^T)$，$H(a_0,r_2,K_2^T)$，$\cdots$，$H(a_0,r_d,K_d^T)$，其中，r_1，$\cdots$，r_d 是由证明者生成并发送的随机数。这样可信中心就可以很轻松地通过验证给定的 $(a_0,r_1,\cdots,$ $r_d)$ 来检查出在树形结构中哪一片叶子与读写器接收到的值相符。

（1）哪一个节点与 $H(a_0,r_1,K_1^T)$ 相对应。

（2）在这个节点的两个子节点哪一个与 $H(a_0,r_2,K_2^T)$ 相对应。

（3）从树根到树叶逐层重复以上原则。

（4）识别出哪一片叶子（标签）与 $H(a_0,r_d,K_d^T)$ 相对应。

图 5.3 阐释了这一原则。

文献[MOL 05]给出了一个具体的例子：有 2^{20} 个标签，其密钥树的分支因数是 $Q=2^{10}$，两层结构，每个标签存储 2 个 64 位的密钥。使用树形结构识别体系的验证只需做 2×2^{10} 次哈希计算，而不采用树形结构时要做 2^{20} 计算。通常情况下，如果系统大小为 N，则运算次数为 $O(\log_Q(N)Q)$。

如果 H 抗原像攻击且抗碰撞，那么该方案对被动伪装攻击来说是安全的，并具有 Narrow-Weak 型隐私权。

与上一个方案相反，该方案是被动的。a_i 的值的仅取决于第 i 轮循环，因此在该方案中，可以将几种使用同一初始密钥的副本混合，以此来产生一个可变的有效副本。此外，利用 VERIFY，该技术可测试证明者是否具有一个公用密钥，并据此表示一次侵犯隐私权（Narrow-Weak 型攻击者）。

为了改进此方案，文献[BRI 08]中提出了一种不同的循环方案，该方案中用计算 $a_i=$

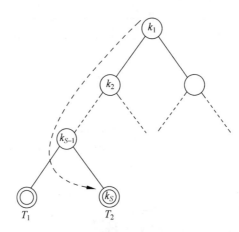

图 5.3 密钥二叉树的一个子孙节点(descent)

$H(a_{i-1},r_i,K_i^T)$来代替计算 $a_i = H(a_0,r_i,K_i^T)$。当 H 的假设相同时,这种方案可同时对主动攻击和弱隐私权具有保护作用。

然而,该方案仍存有较大的风险。如果攻击者破坏了标签,则他可以获得树形结构中该路径上所有标签的密钥,因此,该方案不是 Forward 隐私权,因为攻击者可以获得对于其他是通用的隐私权密钥,进而跟踪这些标签。所以,在这种方案中标签所受的攻击要大于WRSE 方案中标签所受的攻击,因为在 WRSE 方案中只有受损的标签才被攻击,正是由于这种危险的存在,因而利用 POK(physically obfuscated key,见 5.3.3 节第 1 部分)引入了一种附加的保护措施。

5. Ohkubo、Suzuki 及 Kinoshita 方案

Ohkubo、Suzuki 及 Kinoshita 方案[OHK 05]的主要目的是保护 Forward 型隐私权,其设计思路是在每次识别时都要修改密钥,因此,攻击者即使获得了密钥,也不能跟踪证明者之前的通信。图 5.4 给出了这种方案的原理。如果 H 是一个冲突,且具有第二抗原像攻击,则该方案对主动攻击及 Forward 型隐私权是安全的。

此方案不是 Narrow-Strong 型隐私权,因为攻击者会利用从证明者中获取密钥来跟踪证明者以后的通信。

效率也是这个方案中的缺点,因为该方案的基本版本不具扩展性,并且当证明者之前已经多次识别,可能需要对 H 值进行多次验证。这样可能会导致否认服务攻击。

6. HB 识别协议

在 CRYPTO'05 会议上,Juels 和 Weis [JUE 05]介绍了对 HB(Hopper and Blum)[HOP 01]认证协议的改进,以增强其防范主动攻击和被动攻击进行的能力。该方案适用于资源有限的物品,因为该方案本质上是逐步利用 AND 和 XOR(异或)操作,这些协议的安全性是源于 LPN(learning parity with noise)问题的计算难度 [BLU 93]:

定义:设 A 是一个随机的 $k \times n$ 维二进制矩阵,x 是一个随机的 n 位矢量,噪声参数为 $0 < \eta < \dfrac{1}{2}$,v 是一个权重为 $wt(v) < \eta n$ 的随机 n 位矢量。当给定 A、η,并使 $z = (A \cdot x) \oplus v$,

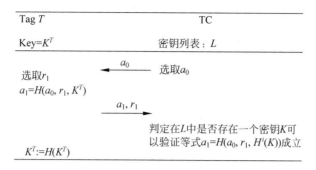

图 5.4 Ohkubo 等识别协议

就可找到一个 n 位的矢量 $\boldsymbol{x}'$，使得 $wt(\boldsymbol{A} \cdot \boldsymbol{x}' \oplus z) < \eta$。

该协议执行几个基本迭代，其中一个迭代如图 5.5 所示。其中，v_i 是从随机源获得的一个位，当该随机源的概率为 η 时，返回 1。证明者和验证者共享密钥 (x, y)，并能够从 (a_i, b_i) 中计算出 $a_i \cdot x \oplus b_i \cdot y$，其中"·"表示内积模 2。每次迭代，证明者会发出一个概率值为 η 的噪声文本，验证者必须检查其计算出的带值等式是正确的，且正确次数应高于给定的阈值。密钥必须足够长，以确保其机密性，推荐的参数是 x 为 80 位，y 是 512 位，进行 1164 次迭代。

定理：如果 LPN 问题很困难，则该方案对 active narrow 伪装攻击和 narrow-weak 隐私权是安全的。

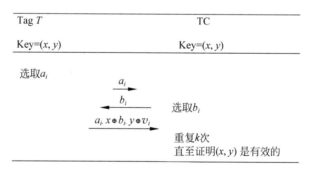

图 5.5 HB$^+$ 识别协议

需要注意的是，这里防御主动攻击的安全性仅适用于攻击者没有使用 VERIFY 函数的情况下（如没有合法的读写器），否则，会发生 Gilbert 等在文献[GIL 08]中描述的大小为 x 的线性攻击，MITM 攻击是将 a_i 的位值反转（记作 b_i），并总使其处于沿着迭代的同一位置。

如果该操作没有改变识别的结果，则在 x 中 bit0 处对应了一个较好的概率，记作 y。这种攻击允许由证明者伪装或认可。

为了防御这种攻击，提出了许多不同的想法，如删除该方案的线性度（见 HB^{++}[BRI 06b]），用矩阵积替代标量积，用二进制矢量代替 a_i、b_i，在中点抵御部分攻击（参见 HB$^{\#}$ [GIL 08]），或添加一个最终的完整的验证步骤（见 Trusted-HB [BRI 08a]）。这些方案继续使用基本操作,但 HB 型中所需的迭代次数是其一个重大的缺陷。

5.3.2　基于非对称加密的协议

通常,非对称加密需要较强的计算能力,但在这种加密方式的协议中,其安全性依赖于已建立的计算假设。

使用非对称加密技术具有一个显著的优点,该加密方式能够在固定的时间点跟踪标签的身份。现在介绍几种用于该加密方式的协议,这些协议具有良好的扩展性。

1. 计算假设

本节简要介绍一些用于确保下面所提方案安全性和隐私权的假设。在此仅关注在方案中应用了离散对数问题变量的情况。在乘法规则下,设 G 是一个循环群,阶数为 q,攻击者可能不知道该阶数,g 是一个生成元。

离散对数问题(discrete logarithm,DL)的表述如下:在 G 中给定 g 和 g^a,计算 a,其中 a 是在 $[0,\cdots,q-1]$ 中的一个随机单元。

在文献[OOR 96]中,给出了带有短指数的离散对数问题(DLSE)与限定于小指数 a 是一样的问题。如果 a 是介于 0 和 $S-1$ 之间,S 小于 q,则小指数问题就是 DLSE(S)问题。

Diffie-Hellman(CDH)计算问题按如下方式定义:当给定 g^a 和 g^b,计算 g^{ab} 的值,其中 a 和 b 是介于 $[0,q-1]$ 之间的随机数,当为小指数时,则属于 SECDH 问题(参见文献[KOS 04])。CDH 问题的困难在于它比 DL 需要更强的假设:如果有一个算法能够解决 DL 问题,则必存在一种可解决 CDH 问题的算法。

最后,Decisional Diffie-Hellman(DDH)问题可定义为:给定 g^a、g^b 和 g^c,求出 g^{ab} 和 g^c 是否相等。值得注意的是,如果 DDH 问题很困难,则 CDH 问题也是一样。小指数的 SEDDH 问题也在文献[KOS 04]中进行了界定。

值得注意的是,如果离散问题很难,则该问题的主要难点就在于其对数值的计算上,因此一般情况下可以确保攻击者无法破译秘密(对 CDH 亦是如此)。DDH 问题则可以使攻击者无法区分随机值和 g^{ab} 的值。在保护隐私权方面,这也验证了区分模拟值和有效副本是不可能的。

2. 基于椭圆曲线的密码系统实现

椭圆曲线是一种平面曲线方程,也称为 Weiertrass 方程。其形式为

$$y^2 = x^3 + ax + b$$

可以注意到,一组由曲线方程决定的点 (x,y) 可以组成一个组。

椭圆曲线似乎是最有可能成为应用在 RFID 标签上的数学工具。实际上,由于处于椭圆曲线上的点离散对数问题是以指数形式出现的,其解决方案就较为困难,因此计算只能在一个相对较小的单元上执行。

这里就不详细阐述在椭圆曲线上进行的各种不同的计算了。但自 2006 年以来,面向诸如像 RFID 标签等多种特定环境,设计了运用椭圆曲线密码系统的多种实现[WOL 05,KUM 06,LEE 07,FUR 07]。

最近出现的实现方案[HEI 08,BOC 08,LEE 08]采用的椭圆曲线需要 10 000～15 000 个 GE 的物理空间。表 5.2 列出了这些实现的主要特性。如果与对称加密的其他功能相比,尺寸也是很重要的参数。然而,这些结果却给今后在 RFID 标签上使用椭圆曲线提供了可能。

表 5.2 不同椭圆曲线的实现

算法提议	实现规模/GE	功耗/μW	平均电流/μA
ECC[HEI 08]	11 904	10.8	6
ECC[BOC 08]	10 392	46	?
ECC[LEE 08]	12 168	51.85	?

这些在椭圆曲线上的计算实现可用于以下章节中提及的所有协议。

3. 关注隐私权的技术现状

1) Schnorr 识别协议

最著名的零知识识别方案是由 Schnorr[SCH 89]提出的,其原理如图 5.6 所示。其中,该协议的操作或在群 G 中进行,或以群的阶数取模来计算 y 值。

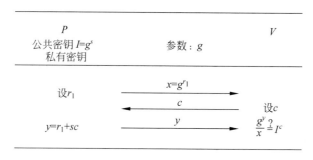

图 5.6 Schnorr 识别方案

如果 CDH 问题难度大,则 Schnorr 方案可防御被动攻击,且对于诚实的验证者而言是零知识识别方案。注意,该方案也被证实可防御一些主动攻击者[BEL 02],但在 5.2.2 节第 2 部分定义的模式中除外。

存在许多不同的方案,如文献[MON 07]中提到的作为解决护照问题的 GPS 方案。然而,这些方案不是专为隐私权而设计的,尽管 ZK 特征的先验知识(priori)很充足,但这些方案并不尊重隐私权。

当某一证明者 P 执行协议,用以证明密码知识 s 与其身份 $I=g^s$ 有关时,观察者 (observer)就能存储 g^{r_1},c,$y_1=r_1+sc$,使观察者能够计算出 $g^{y_1}g^{-r_1}=g^{sc}=I^c$。同样,如果另一个证明者 P' 被识别出来了,观察者就可获得 $I'^{c'}$,这样观察者验证 I 和 I' 是否相等,因而该观察者就能利用足够的信息来区分证明者的身份。许多在证据中使用了代数关系的识别方案中采用了该识别方法,如 GPS,Fiat-Shamir[FIA 86]、GQ[GUI 88]或其衍生方案 (GQ2[QUI 00]、Ong-Schnorr[ONG 90]、Okamoto[OKA 92]、Fiat-Shamir[MIC 88])的修正版。

2）GPS 识别协议

文献[GIR 06]中提出的 GPS 方案就是一种非常有效的 ZK 识别方案，该方案运用 Schnorr 方案的原理，但受使用小指数的限制，并允许缩减幂计算的成本，减少 RSA 环或有限域的模块，同时避免减少一些模块。利用椭圆曲线方法，可以有效实现预计算令牌（token）的使用[GIR 06]，文献[MCL 07]中就提到了在 RFID 中应用这种方案。

该协议如图 5.7 所示。证明者随机选取一个指数 $r_1 \in [0, A-1]$，计算出 $x = g^{r_1}$，并将这个值发送给验证者，验证者发送一个随机数 $c \in [0, B-1]$，证明者会用 $y = r_1 + sc$ 进行回复。与 Schnorr 方案相反，这个计算是在没有模块减少的情况下执行的。验证者随后验证该身份 $I \in L$，例如，$g^y x^{-1} = I^c$ 及 $0 \leqslant y \leqslant A-1+(B-1)(S-1)$。如果这两个条件已被验证，则该证明者就可被识别。

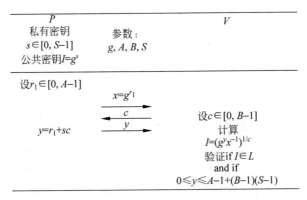

图 5.7　GPS 识别协议

该协议的安全性以 DLSE 问题为基础，如果该问题是一个困难问题，且 $\dfrac{BS}{A}$ 可忽略不计，则 GPS 协议对被动攻击及诚实验证者的零知识是安全的。

4. 隐私权的自适应

正如所看到的，有必要在保护隐私权的前提下，对这些方案提供额外的保护。下面章节所提及的修改方案具有有效的可扩展性和较好的隐私权。下面假设 $\dfrac{BS}{A}$ 是一个可被忽略的量。

1）哈希 GPS

哈希 GPS 协议中，每次执行协议时不是计算 g^{r_1}，而是计算 $H(g^{r_1})$（见[GIR 06]），其中 H 为哈希函数。该方案允许证明者使用令牌，并限制计算幂次。例如，利用预先计算并储存数值对 $(r_1, H(g^{r_1}))$ 的方式来当作一次有用的令牌。这样，该证明者不得不只计算 $r_1 + sc$ 的值，因此即使没有模块减少，这个方案也很容易实现。实际上，利用一种特殊的种子就能在一个递归的伪随机函数中生成 r_1，每次系统也有足够的空间来存储并更新最初的种子。因此，令牌的大小与一个哈希函数的大小相当。例如，对于一个具有 50 位的哈希函数，能在一个 4KB 的内存上存储约 640 个令牌。此外，这一修改将提高该方案的隐私权。

定理：如果 DLSE(S)问题是一个困难问题,并且 H 是抗原像攻击的,则哈希 GPS 可防御主动攻击,ZK 则用于诚实验证者和隐藏身份的弱隐私权。

这种改进使得将低成本的 RFID 标签应用到具有隐私权的实现上成为可能,但其缺点是使用多个标签时不具扩展性。

2）随机 GPS

随机 GPS 方案如图 5.8 所示。在这个方案中,通过为验证者引入一对非对称密钥来确保隐私权,在这里可假设证明者知道验证者的公有密钥。

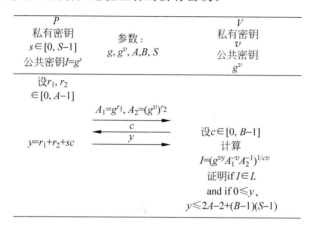

图 5.8　随机 GPS 识别协议

能得到如下结果:

定理：假设 SEDDH 问题是一个困难问题,则随机 GPS 方案可防御被动式窃听者,对零知识披露和 PI narrow-strong 隐私权是安全的。

与 GPS 方案相比,该方案的主要区别在于 $A_2^{\frac{v}{v}}$ 的计算,该值确保了只有验证者才能做出最终的验证,因而可以从模拟者中区分出有效的副本。

该方案具有全扩展性,因为验证者会执行一个具有固定数量的操作来识别证明者,即无论系统内有多少个证明者和身份,识别过程的速度都不会降低。

文献［BAT 06］中介绍了一种在面积约为 13 000 个 GE 上的实现,该实现是基于 Schnorr 方案的椭圆曲线开发的低成本设备,其结构可实现随机 GPS 方案,但必须附带一个隐私权属性。

3）随机哈希 GPS

此方案为防御主动性攻击和在系统崩溃条件下保证隐私权提供了保障。与前两种方案相比,该方案在第一条消息中应用了一个哈希函数,它有点像上两种方案的组合。详情如图 5.9 所示。

该方案具有几个有趣的特征:所有计算可在离线状态下完成,不会泄露与证明者秘密相关的信息,同时该方案是完全可扩展的。

定理：假设 SEDDH 问题是一个困难问题,H 是抗原像攻击且防碰撞,则随机哈希 GPS

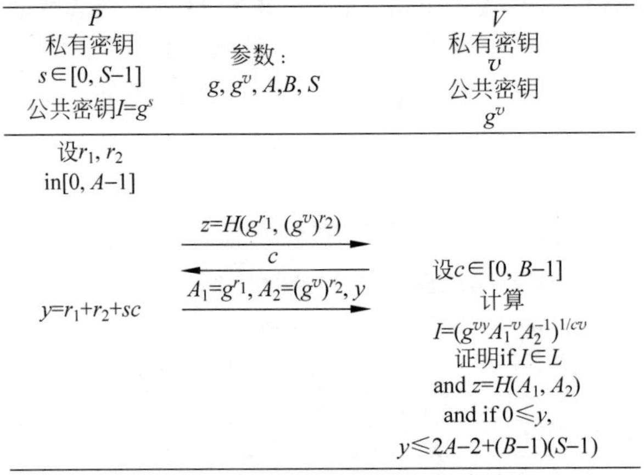

$$
\begin{array}{ccc}
P & & V \\
\text{私有密钥} & \text{参数:} & \text{私有密钥} \\
s \in [0, S-1] & g, g^v, A, B, S & v \\
\text{公共密钥}I = g^s & & \text{公共密钥} \\
& & g^v
\end{array}
$$

设r_1, r_2
in$[0, A-1]$

$$z = H(g^{r_1}, (g^v)^{r_2})$$ →

← c

$A_1 = g^{r_1}, A_2 = (g^v)^{r_2}, y$ →

$y = r_1 + r_2 + sc$

设$c \in [0, B-1]$
计算
$I = (g^{vy} A_1^{-v} A_2^{-1})^{1/cv}$
证明if $I \in L$
and $z = H(A_1, A_2)$
and if $0 \leqslant y$,
$y \leqslant 2A - 2 + (B-1)(S-1)$

图 5.9 随机哈希 GPS 识别协议

具有 PI forward 隐私权,可防御主动型攻击,可保护 PI narrow-strong 隐私权和 ZK。

由于该方案具有公开身份的 forward 隐私权,因此常用于具有公开身份的应用,如用于护照等身份文档中。这时,被授权身份的列表就缩减至需被检验的护照身份中去了,并可通过直接扫描文档本身获得,这样就消除了在验证者一方进行列表存储的问题。

5.3.3 基于物理特性的协议

前面章节中介绍的加密工具的安全性都是基于算法假设的,即一些算法问题没有有效的求解算法,如冲突查找或离散算法。本节将介绍安全性基于物理特性的加密工具,主要是 PUF 函数(physical unclonable function)和 POK 密钥(physically obfuscated key)。

其他一些有趣的方案是应用物理特征来提高 RFID 加密协议的安全性。文献[BIR 07]提出了一种在某些协议中将运算过程和物理特征相结合的观点,这类解决方案的优点在于,它比纯粹的加密解决方案所需的标签中的资源还要少,并首次提出了限制用途的解决方案(如标签失活,利用可移除天线、无线电"屏蔽"、距离限制等)。例如,文献[JUE 03]中提出了拦截标签的原理,目的是防止读写器识别某些 RFID 标签。拦截标签带有一个附加部件,模拟当与其他周围的标签并列时,多个标签同时响应一个读写器的情况,以便阻拦读写器对其他标签的识别。拦截标签可被配置为只保护一类标签,因此可通过拦截被选标签的读写来保护隐私权。

最近,有关通信信道中噪声的技术开发也得到重视。事实上,信道噪声的开发并不是一个新的想法,因为信道噪声是量子信息理论的基础理论之一,然而,将其应用于 RFID 中却是一个新思想。因此,文献[CHA 06]通过开发一种基于 Distillation-Reconciliation-Amplification 原理的算法,提出了一种建立密钥的协议,该协议能更好地适应具有有限资源的标签,此时信道噪声会产生一个可防御被动攻击者的干扰。当在信道上存在窃听时,在具有存储功能但计算能力较弱的无源标签中插入一种攻击者不能抽取的人工干扰(噪声标签和噪声读写器原理),可保护在读写器与标签之间建立或交换密码[CAS 06,BRI 06a,SAV 07]。

在这一节的最后部分,将首先介绍 PUF 函数和 POK 密钥的定义,最后给出两个使用 PUF 或 POK 的方案,并针对 5.3.1 节提出了改进的方案。实际上,利用 PUF 函数的目的是找到一个非对称原理的替代品,以便以较低的成本提高产品的安全性和隐私权。

1. PUF 和 POK 的定义

RFID 芯片,特别是低成本的芯片,存在数据泄露或被克隆的危险。为了避免这种情况的发生,开展了利用 PUF 函数来确保对电子部件进行物理保护的研究,其目的是与电子元件中所包含的密码建立联系,并对其进行物理保护,以便对组件完整性进行改进,如试图访问存储器将会导致这些密码不可逆转的改变。

在文献[RAV 01]中,Pappu 介绍了单向物理函数的概念,将这类函数纳入考虑范畴主要是由于在组件制造过程中会产生一些物理特征的偶发特性。在文献[RAV 01]中使用的例子是在树脂中随机掺入半透明气泡,这些气泡的分布则会生成一个与树脂中包含的对象产生本质联系的数据。

在 2003 年,Gassend[GAS 03]将 PUF 概念进行了延伸,以确保在相同原理下组件不会被复制。PUF 是一个函数,与对激励的响应相关,具有以下特征:

(1) 函数容易进行评估。

(2) 函数难以通过物理观察或从已知的条件对(激励、响应)来表征。

(3) 函数难以精确地再生。

除了其物理性质,PUF 必须在操作条件发生可接受的变化(温度、湿度等)时,保持相同的行为(即具有相同的激励—响应值)。

对 PUF 特征进行表征的难度可以理解为:用一个资源量(金钱、时间等)的多项式进行表征的不可能性,因此,PUF 经常被建模为一个伪随机函数[1]。为了简化分析,在后续章节中假设 PUF 是一个真正的随机函数。相较于 Gassend 的定义[GAS 03],文献[TUY 06]中对 I-PUF 概念进行了定义,它需要具备以下附加特征:

(1) PUF 被不可逆地连接到使用该函数的芯片(或组件)上。特别地,任何试图将 PUF 与芯片分开,以此来破坏 PUF 芯片的做法都不可能获得芯片和 PUF 之间的通信信息。

(2) 攻击者无法得到 PUF 的输出值。

这些特征是为了保护部件抵抗物理攻击,因为攻击者在 I-PUF 上得不到任何信息。因此,如果需要的话,在后面所描述的协议中将使用的 PUF 都选用 I-PUF,以确保 RFID 标签能抵抗物理攻击。

在[PSM 02]中所述的所谓硅 PUF 就是一个很好的 I-PUF 例子。硅片上的集成电路是从电路中的任意两行的比较及信号的延时传播中获得的,这个特征取决于最终的电路,因为从一个电子部件到另一个电子部件,半导体在制造过程中固有的不规则性就意味着会产

---

① 伪随机函数或许可能发生的激励的数量被限定了。

生可变延迟,特别是在逻辑门转换期间。这种实现需要的资源很少,文献[SUH 07]中就介绍了一种硅 PUF 在 RFID 上的实际应用,很多公司最近也使用类似的 PUF 来对 RFID 标签进行商业推广。具体地说,当给定了一个二进制输入值,则会对延迟进行测量的电路是唯一的。其原理如图 5.10 所示。

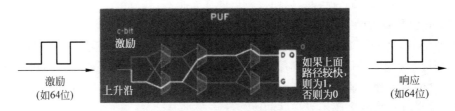

图 5.10 PUF 例子

POK 的概念也是由 Gassend 在文献[GAS 03]中提出的。这个密钥包含在某一部件中,拥有资源量多项式的外部攻击者不能对密钥进行定位,它也可以解释为,一个 PUF 只能对一个不能有固定回复的激励产生应答。文献[PSM 03]从 PUF 中提出了一种实现,如图 5.11 所示,该 PUF 是一个确定的激励和具有定值为 FUSE 的硬线熔断器。要创建二进制矢量 K 的 POK,只需要在 PUF

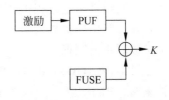

图 5.11 POK 实例

的输入中设置一个激励,并选择一个 FUSE 值,这样便会一位一位地加入 PUF 的响应,其结果等于 K。

由于 PUF 性质表现得像一个完美的随机函数,因此其输入的知识和数值 FUSE 没有提供有关密匙的信息。这个概念也有一个有利于 RFID 标签的优点:POK 可以被视为存储在标签中的值,但只是当受到与 PUF 相联系的激励后才能访问。

2. 如何利用 POK

为了在计算时能够使用,参与加密计算的密钥 K 必须在给定时刻存储到相应的存储区里。这样的存储区不一定是安全的,特别是用在 RFID 标签内。因此,尽管使用 POK,也要采取其他的预防措施,以防止攻击者直接读取存储在标签中的内容,因此密匙 K 不能暴露给攻击者。文献[GAS 03]对该问题进行了一定的研究,提出了一种一般性保护原则:将所述计算和密钥分为两部分并按顺序使用。该方法与用于嵌入式系统中的掩蔽密码相近,主要用于抵抗侧信道攻击,如简单功耗分析(simple power analysis,SPA)。这些方法一般是利用同构关系来构造的,如一个求幂运算,如果 $K=K'\times K''$,则要先计算 $y=g^K$,再计算 $z=y^{K'}$,才能计算 $z=g^K$。

在 5.3.3 节第 4 部分描述的协议中,应用逐位加法(⊕)来进行计算,K 的"分解"按如下方法进行:

(1) 子密钥 K' 是随机选取的一个值,然后通过 POK 来实现。

(2) 利用 $K''=K\oplus K'$ 计算 K'' 的值,K'' 的值由第二个 POK 来实现。

在这种方式中,无论存储器在哪一时刻被攻击,攻击者都不会获得任何与密匙相关的信息,因为:

(1) 至多密匙的两个半部中的一个可访问存储器。

(2) 受到攻击后,PUF 潜在的属性可让标签不能被使用。

另外,密钥 K 的分解行为是随机执行的,即使多个 RFID 标签中包含了相同的密钥,存储器公开的信息也不会让攻击者获取与密匙 K 有关的信息,因为每个分解行为都是互不相同的。

3. PUF-HB

文献[HAM 08b]定义的方案中使用一个 PUF 来掩蔽证明者所做的计算值。其基本原理是:该方案中证明者不是返回类型为 $b_i.\, y \oplus v_i$ 的值(对于 HB 的初始版本),而是返回类型为 $(b_i, a_i.\, y \oplus v_i \oplus \mathrm{PUF}_K(b_i))$ 的值,其中 a_i 是由证明者随机抽取的,b_i 是一个激励,在证明者释放激励前,验证者利用这个刺激已经学习了相应的响应。因此,只有验证者能够验证接收到的值。

在构建 PUF 期间[HAM 08b],PUF 是通过比较信号在不同子电路的传播时间来实现的。用来呈现这一现象的代数模型如下:给定一个激励 $a = (a_1, \cdots, a_l)$,p_i 是由 $\oplus_i^l a_j$ 的值来定义的。$k_1, \cdots, k_l$ 是给定的具有 l 位密匙 K,则 PUF 的响应为

$$\mathrm{PUF}_K(a) = \mathrm{sign}\Big(\sum_{i=1}^{l-1} (-1)^{p_i} k_i \oplus k_l \Big) \quad a_l.\, k_l = 1 \tag{5.1}$$

$$\mathrm{PUF}_K(a) = \mathrm{sign}\Big(\sum_{i=1}^{l-1} (-1)^{\overline{p}_i} k_i \oplus k_l \Big) \quad a_l.\, k_l = 0 \tag{5.2}$$

式中　　$\mathrm{sign}(x) = \dfrac{x}{|x|}$。

文献[HAM 08b]中给出了对应的结果。

定理: 假设 LPN 问题是一个困难问题,则 HB 协议具有 narrow weak 型隐私权,并可抵御 narrow active 攻击。

如果 PUF 函数很完美,则 strong 攻击者也只相当于 weak 攻击者。注意到 PUF 的应用只是为了防止标签损坏,并保护对剩余 HB$^+$ 执行 MITM 型攻击的可能性。

文献[HAM 08a]中提出了一种类似的改进,主要简化 HB$^+$ 协议上的安全性证据。文献介绍了一个更加精确的实现,所需面积约为 960 个门(GE),是 RFID 中的一种候选措施。

4. POK-MSW

文献[BRI 08b]中应用 POK 原理提出了一种改进的 MSW 方案,以提高 MSW 方案的隐私权。由于原始方案被修改了,因此在方案的两次连续的计算中,可使用关系 $K = K' \oplus K''$,这就相当于用两个 POK 来实现 K。该方案如图 5.12 所示。

因此,在激励 a_0 的接收中,证明者需要计算并返回 $(H(a_0, r_0), r_0 \oplus K)$,而不需要计算 $H(a_0, r_0, K)$ 和其返回值 $(H(a_0, r_0, K), r_0)$。这样就可以引入一个同态操作(homomorphic operation),并通过 $r_0 \oplus K = (r_0 \oplus K') \oplus K''$ 将计算的第二项分解为两步。以这样的方式应用 POK 就可抵抗物理威胁:CORRUPT 预言机无助于为获得关于证明者的身份信息。

定理：假设 H 具有抗原像攻击，并抗碰撞，则该方案可抵御主动伪装攻击，对 weak 隐私权是安全的。此外，如果使用的 POK 很完美，则 strong 攻击者会变成 weak 攻击者，即该方案具有强隐私权。

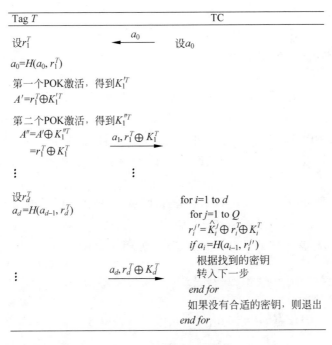

图 5.12　POK-MSW 协议

此外，协议的可扩展性使其能够建立有效的 RFID 系统实现。

5.3.4　总结

在本章中，提出了几个用于 RFID 的身份验证协议，就像 5.2.3 节第 2 部分中所介绍的一样，这些协议在不同层面上均提出了解决隐私权问题的解决方案。除了这一特性外，当这些协议用于使用了大量 RFID 标签的应用时，对这些协议的能力进行比较也是本章比较感兴趣的方面，这些能力包括协议的扩展性特征。表 5.3 中列出了不同协议的密码学原语、隐私权级别及其可扩展性。

表 5.3　协议概况

协　　议	密码学原语	隐私权	可扩展性
WRSE	哈希函数	Weak 隐私权	否
MSW	哈希函数	Weak 隐私权	是
HB$^+$		Weak 隐私权	否
希哈 GPS	哈希函数，Coupons	隐藏身份 Weak 隐私权	否

续表

协　议	密码学原语	隐私权	可扩展性
随机 GPS	椭圆曲线	Narrow Strong 隐私权	是
随机哈希 GPS	哈希函数,椭圆曲线	公开身份 Forward 隐私权 Narrow Strong 隐私权	是
POK-MSW	POK,哈希函数	Strong 隐私权	是
PUF-HB	PUF	Narrow Strong 隐私权	否

5.4　RFID 设备上的物理攻击

5.4.1　侧信道攻击

十多年前,侧信道分析(side-channel analysis,SCA)就已引起了研究人员和智能卡行业的广泛关注。这些攻击利用了功耗、电磁辐射、卡的执行时间和被执行的操作及数据之间的依赖性。这种攻击方式变得越来越复杂,采用了带有先进信号处理的设备和后处理技术。通常,需要区分简单分析与微分分析。简单分析用于只需要进行简单观察的情况,如直接测量功耗的简单功耗分析(simple power analysis,SPA)或针对电磁的简单电磁分析(simple electromagnetic analysis,SEMA)。微分分析用于执行更复杂的统计处理情况,如微分功耗分析(differential power analysis,DPA)或倒微分电磁分析(pour differential electromagnetic analysis,DEMA)。

为了应对这些威胁,提出并实现了多种不同类型的抵御措施,用以保护这些部件。显然,这些防御措施并不是免费的,且其也会受到复杂性和性能的影响。

几年来,RFID 标签已成为物理攻击的新目标。由于 RFID 系统的特殊特征,针对 RFID 系统的物理测量往往比接触式智能卡要复杂。首先,多数情况下,RFID 标签并不是直接由一个稳定的电源供电,而是由 RFID 读写器产生的电磁场供电;第二,RFID 标签的电磁发射是被叠加在读写器的 RF 射频场上的,因此,需要特定的设备及处理来提取标签发射的有用信息。

有两种方法来测量 RFID 标签的功耗。第一种方法是将一个电阻器放置在某个执行加密操作模块的供电线路上,穿过该电阻的压降与环状电流成正比,也因此与标签的功耗成正比。这种方法直接且简单,但这种方法在受到真正的攻击时却不易实现。因此,到目前为止,由该方法获得的结果只能当作评估其他攻击方法时的参考[HUT 07]。

第二种方法采用间接估计的方法来获得标签的功耗。在文献[ORE 07]中,Oren 和 Shamir 提出了一种被称为寄生反向散射攻击(parasitic backscatter attack),主要用于工作在 900MHz 频率下的 UHF FRID 标签。这种攻击的优点是,在不接触 RFID 标签或读写器的基础上,就能估计出 RFID 标签的功耗。事实上,RFID 标签是基于标签的功耗与标签产生的反射场的功率来与读写器进行通信的(反向散射)。通过测量反射场的功率,可以计算受攻击标签的功耗,测量时,用定向天线消除读写器发射的场。研究论文表明,该攻击能提取标签的 Kill Password 密码,并能最终使其失效,文中所用的标签是 EPC 标准中的 Class1 Gen1 无源标签[INC 08]。

另一个研究[PLO 08a]关注于电磁测量。结果表明,当 RFID 标签与接收器相距 1m 时,就可能会受到电磁微分攻击。实际上,文献[PLO 08a]中也提到了使用标签反向散射信号的攻击,文献中也对现成的 UHF RFID 标签进行了测试,在执行写数据命令期间,利用天线可以对来自于标签的反向散射信号进行测量。结果表明,如果天线与标签的距离为 20cm,1000 次测量就可以找到所写的数据(2 个字节),而当天线与标签的距离为 1m 时,则需进行 10 000 次测量才能找到所写的数据。

电磁分析法在接触式智能卡方面已取得了成功。在 RFID 背景下,电磁信号的测量更为复杂,其主要的困难是读写器中存在 RF 场以及标签的电磁场功率太低。Hutter 等针对这个问题提出了一些解决方案[HUT 07]。例如,使用一个接收器来消除读写器所发射的电场载流子,或者使用一个在 ISO/IEC 10373-6 标准[ISO 01]中提到的亥姆霍兹阵列,该阵列是专门为一致性测试而设置的测试。在这一工作中,研究了两个工作于 13.56MHz 频率下的、在软件和硬件中实现 AES 加密模块的 RFID 标签原型。结果表明,经过约 1000 次测量后,DEMA 攻击取得了成功。

后处理技术也被用于提高针对 RFID 标签的攻击效率。例如,在频域中转换时间信号,以此来减少由于同步而造成的影响。该技术已经成功地应用在接触式智能卡上,文献[PLO 08b]中也指出该技术可以用于 RFID 标签上。

5.4.2　缺陷注入攻击

缺陷注入攻击允许攻击者通过干扰加密应用程序的执行来获取机密信息。缺陷有许多种类,主要包括时钟、温度、电压或激光。当缺陷攻击在智能卡上已取得了实质性进展时,文献[HUT 08]被公认为第一篇将这种攻击在 RFID 上的应用进行发表的论文。通过与标签天线的引脚相互连接,可以暂时获得功耗和时钟上的缺陷。利用这种方式,天线会暂停一段时间,功耗和时钟就会发生变化。在一个可产生电磁脉冲的高电平发生器的帮助下,就能执行电磁注入。激光攻击可发生在芯片的整个表面上或芯片局部特定的位置上。实验表明,在向内部存储器内写入数据时,RFID 标签容易被缺陷攻击。

5.4.3　KeeLoq

前面的分析表明,RFID 标签易受物理攻击,因此需要找出一些对策。然而,由于 RFID 标签在尺寸、性能和功耗上的特殊特征,这些都使得针对智能卡提出的对策难以在 RFID 上执行。

最后,将用一个例子来说明忽视这类保护将会导致严重的后果。

KeeLoq 是一个使用对称加密的 RFID 系统。尽管在 20 世纪 80 年代就出现了

KeeLoq,但是第一次攻击却是在 2007 年由 Bogdanov[BOG 07b]发表的。就像简介中介绍的一样,攻击包含两个步骤:首先,利用逆向工程技术找到专有算法;接着,利用潜在加密算法的数学弱点来破坏系统。

  在这里最重要的是第三步中出现的事件,即在 Crypto 2008 年会议上发表的关于 KeeLoq 标签上的微分功耗的分析[EIS 08]。由于被暴露的物理攻击更具破坏性,因此有可能完全破坏 KeeLoq 系统。

5.5 参考文献

[AVO 07] AVOINE G. , KALACH K. , QUISQUATER J. -J. , "Belgian Biometric Passport does not get a pass…", http://www. dice. ucl. ac. be/crypto/passport/index. html, 2007.

[BAT 06] BATINA L. , GUAJARDO J. , KERINS T. , MENTENS N. , TUYLS P. , VERBAUWHEDE I. , "An elliptic curve processor suitable for RFID tags", WISSEC, Belgium, November 8-9 2006.

[BEL 02] BELLARE M. , PALACIO A. , "GQ and Schnorr identification schemes: proofs of security against impersonation under active and concurrent attacks. ", YUNG M. (ed.), Advances in Cryptology-CRYPTO 2002, 22nd Annual International Cryptology Conference, Santa Barbara, California, USA, August, Springer, p. 162-177, 2002.

[BIR 07] BIRD N. , CONRADO C. , GUAJARDO J. , MAUBACH S. , SCHRIJEN G. J. , SKORIC B. , TOMBEUR A. M. H. , THUERINGER P. , TUYLS P. , "ALGSICS-combining physics and cryptography to enhance security and privacy in RFID systems", STAJANO F. , MEADOWS C. , CAPKUN S. , MOORE T. (eds), ESAS, vol. 4572 of Lecture Notes in Computer Science, Springer, p. 187-202, 2007.

[BLU 93] BLUM A. , FURST M. L. , KEARNS M. J. , LIPTON R. J. , "Cryptographic primitives based on hard learning problems", STINSON D. R. (ed.) , CRYPTO, vol. 773 of Lecture Notes in Computer Science, Springer, p. 278-291, 1993.

[BOC 08] BOCK H. , BRAUN M. , DICHTL M. , HESS E. , HEYSZL J. , KARGL W. , KOROSCHETZ H. , MEYER B. , SEUSCHEK H. , "A milestone towards RFID products offering asymmetric authentication based on elliptic curve cryptography", Invited Talk in Workshop on RFID Security, RFIDSec2008, Budapest, 2008.

[BOG 07a] BOGDANOV A. , "Attacks on the KeeLoq Block Cipher and Authentication Systems", Conference On RFID Security, Malaga, Spain, July, 2007.

[BOG 07b] BOGDANOV A. , "Cryptanalysis of the KeeLoq block cipher", Cryptology ePrint Archive, Report 2007/055, 2007, http://eprint. iacr. org/.

[BOG 07c] BOGDANOV A. , KNUDSEN L. R. , LEANDER G. , PAAR C. , POSCHMANN A. , ROBSHAW M. J. B. , SEURIN Y. , VIKKELSOE C. , "PRESENT: An Ultra-Lightweight Block Cipher", in: PAILLIER P. , VERBAUWHEDE I. (eds), Cryptographic Hardware and Embedded Systems-CHES 2007, 9th International Workshop, Vienna, Austria, p. 450-466, 2007.

[BRI 06a] BRINGER J. , CHABANNE H. , "On the wiretap channel induced by noisy tags", BUTTYÁN L. , GLIGOR V. D. , WESTHOFF D. (eds), ESAS, vol. 4357 of Lecture Notes in Computer Science, Springer, p. 113-120, 2006.

[BRI 06b] BRINGER J., CHABANNE H., DOTTAX E., "HB^{++}: a Lightweight authentication protocol secure against some attacks", SecPerU, IEEE Computer Society, p. 28-33, 2006.

[BRI 08a] BRINGER J., CHABANNE H., "Trusted-HB: a low-cost version of HB$^+$ secure against man-in-the-middle attacks", IEEE Transactions on Information Theory, vol. 54, no. 9, p. 4339-4342, 2008.

[BRI 08b] BRINGER J., CHABANNE H., ICART T., "Improved privacy of the tree-based hash protocols using physically unclonable function", OSTROVSKY R., PRISCO R. D., VISCONTI I. (eds), SCN, vol. 5229 of Lecture Notes in Computer Science, Springer, p. 77-91, 2008.

[CAS 06] CASTELLUCCIA C., AVOINE, G., "Noisy tags: a pretty good key exchange protocol for RFID tags", DOMINGO-FERRER J., POSEGGA J., SCHRECKLING D. (eds), CARDIS, vol. 3928 of Lecture Notes in Computer Science, Springer, p. 289-299, 2006.

[CHA 06] CHABANNE H., FUMAROLI G., "Noisy cryptographic protocols for low-cost RFID tags", IEEE Transactions on Information Theory, vol. 52, no. 8, p. 3562-3566, 2006.

[EIS 08] EISENBARTH T., KASPER T., MORADI A., PAAR C., SALMASIZADEH M., SHALMANI M. T. M., "On the power of power analysis in the real world: A complete break of the KeeLoqCode hopping scheme", WAGNER D. (ed.), CRYPTO, vol. 5157 of Lecture Notes in Computer Science, Springer, p. 203-220, 2008.

[FEL 04] FELDHOFER M., DOMINIKUS S., WOLKERSTORFER J., "Strong authentication for RFID systems using the AES algorithm", JOYE M., QUISQUATER J.-J., (eds), CHES, vol. 3156 of Lecture Notes in Computer Science, Springer, p. 357-370, 2004.

[FEL 07a] FELDHOFER M., "Comparison of Low-Power Implementations of Trivium and Grain", The ECRYPT Stream Cipher Project, 2007, www. ecrypt. eu. org/stream/papersdir/2007/027. pdf.

[FEL 07b] FELDHOFER M., WOLKERSTORFER J., "Strong crypto for RFID tags-a comparison of low-power hardware implementations", ISCAS, IEEE, p. 1839-1842, 2007.

[FIA 86] FIAT A., SHAMIR A., "How to Prove Yourself: Practical Solutions to Identification and Signature Problems.", ODLYZKO A. M. (ed.), Advances in Cryptology-CRYPTO '86, Santa Barbara, California, USA, Springer, p. 186-194, 1986.

[FUR 07] FURBASS F., WOLKERSTORFER J., "ECC processor with low die size for RFID applications", IEEE International Symposium on Circuits and Systems ISCAS 2007, New Orleans, p. 1835-1838, 2007.

[GAR 08] GARCIA F. D., DE KONING GANS G., MUIJRERS R., VAN ROSSUM P., VERDULT R., SCHREUR R. W., JACOBS B., "Dismantling MIFARE Classic", JAJODIA S., LÓPEZ J., (eds), ESORICS, vol. 5283 of Lecture Notes in Computer Science, Springer, p. 97-114, 2008.

[GAS 03] GASSEND B., Physical Random Functions, Master's thesis, Computation Structures Group, Computer Science and Artificial Intelligence Laboratory, Massachusetts Institute of Technology, 2003.

[GIL 08] GILBERT H., ROBSHAW M. J. B., SEURIN Y., "HB$^\#$: Increasing the Security and Efficiency of HB$^+$", SMART N. P. (ed.), EUROCRYPT, vol. 4965 of Lecture Notes in Computer Science, Springer, p. 361-378, 2008.

[GIR 06] GIRAULT M., POUPARD G., STERN J., "On the Fly Authentication and Signature Schemes Based on Groups of Unknown Order", J. Cryptology, vol. 19, num. 4, p. 463-487, 2006.

[GRI 08] GRIMAUD G., STANDAERT F.-X. (eds), Smart Card Research and Advanced Applications, 8th IFIP WG 8. 8/11. 2 International Conference, CARDIS 2008, London, UK, vol. 5189 of Lecture

Notes in Computer Science, Springer, 2008.

[GUI 88] GUILLOU L. C., QUISQUATER J.-J., "A 'paradoxical'identity-based signature scheme resulting from zero-knowledge.",GOLDWASSER S. (ed.), Advances in Cryptology- CRYPTO ,88, 8th Annual International Cryptology Conference, Santa Barbara, California, USA, August 21-25, Springer, p. 216-231, 1988.

[HAM 08a] HAMMOURI G., ÖZTÜRK E., BIRAND B., SUNAR B., "Unclonable lightweight authentication scheme", CHEN L., RYAN M. D., WANG G. (eds), ICICS, vol. 5308 of Lecture Notes in Computer Science, Springer, p. 33-48, 2008.

[HAM 08b] HAMMOURI G., SUNAR B., "PUF-HB: a tamper-resilient HB based authentication protocol", BELLOVIN S. M., GENNARO R., KEROMYTIS A. D., YUNG M. (eds), ACNS, vol. 5037 of Lecture Notes in Computer Science, p. 346-365, 2008.

[HAN 05] HANCKE G., A practical relay attack on ISO 14443 proximity cards, http://www. cl. cam. ac. uk/gh275/relay. pdf, 2005.

[HEI 08] HEIN D., WOLKERSTORFER J., N. FELBER, "ECCon: ECC is ready for RFID-a proof in silicon",Workshop on RFID Security, RFIDSec2008, Budapest, 2008.

[HON 06] HONG D., SUNG J., HONG S., LIM J., LEE S., KOO B., LEE C., CHANG D., LEE J.,JEONG K., KIM H., KIM J., CHEE S., "HIGHT: a new block cipher suitable for low-resource device", GOUBIN L., MATSUI M. (eds), CHES, vol. 4249 of Lecture Notes in Computer Science, Springer, p. 46-59, 2006.

[HOP 01] HOPPER N. J., BLUM M.,"Secure Human Identification Protocols", BOYD C. (ed.), ASIACRYPT, vol. 2248 of Lecture Notes in Computer Science, Springer, p. 52-66, 2001.

[HUT 07] HUTTER M., MANGARD S., FELDHOFER M., "Power and EM Attacks on Passive 13. 56 MHz RFID Devices", in: PAILLIER P., VERBAUWHEDE I. (eds), Cryptographic Hardware and Embedded Systems-CHES 2007, 9th International Workshop, Vienna, Austria, p. 320-333, 2007.

[HUT 08] HUTTER M., SCHMIDT J.-M., PLOS T., "RFID and its vulnerability to faults", OSWALD E., ROHATGI P. (eds), CHES, vol. 5154 of Lecture Notes in Computer Science, Springer, p. 363-379, 2008.

[INC 08] INC. E., UHF Class 1 Gen 2 Standard v. 1. 2. 0, 2008, http://www. epcglobalinc. org/ standards/uhfc lg2/uhfc1g2_1_2_0-standard-20080511. pdf.

[ISO 01] ISO/IEC 10373-6: Identification cards-Test methods-Part 6: Proximity cards, 2001.

[JUE 03] JUELS A., RIVEST R. L., SZYDLO M., "The blocker tag: selective blocking of RFID tags for consumer privacy", JAJODIA S., ATLURI V., JAEGER T. (eds), ACM Conference on Computer and Communications Security, ACM, p. 103-111, 2003.

[JUE 05] JUELS A., WEIS S. A.,"Authenticating Pervasive Devices with Human Protocols", SHOUP V. (ed.), CRYPTO, vol. 3621 of Lecture Notes in Computer Science, Springer, p. 293-308, 2005.

[JUE 07] JUELS A., WEIS S. A., "Defining Strong Privacy for RFID", PERCOMW '07: Proceedings of the Fifth IEEE International Conference on Pervasive Computing and Communications Workshops, IEEE Computer Society USA, p. 342-347, 2007 , http://saweis. net/pdfs/JuelsWeis-RFID-Privacy. pdf.

[KER] KERCKHOFFS A., "La cryptographie militaire". Journal des sciences militaires, vol. IX,p. 5-83, January 1883, p. 161-191, February 1883.

[KON 08] DE KONING GANS G., HOEPMAN J.-H., GARCIA F. D., "A practical attack on the

MIFARE classic", GRIMAUD G., STANDAERT F.-X. (eds) Smart Card Research and Advanced Applications, 8th IFIP WG 8. 8/11. 2 International Conference, CARDIS 2008, London, p. 267-282,2008.

[KOS 04] KOSHIBA T., KUROSAWA K., "Short exponent diffie-hellman problems.", BAO F., DENG R. H., ZHOU J. (eds), Public Key Cryptography-PKC 2004, 7th International Workshop on Theory and Practice in Public Key Cryptography, Singapore, March, 2004, Springer, p. 173-186, 2004.

[KUM 06] KUMAR S., PAAR C., "Are standards compliant elliptic curve cryptosystems feasible on RFID?", Workshop on RFID Security, RFIDSec 2006, Graz, 2006.

[LE 07] LE T. V., BURMESTER M., DE MEDEIROS B., "Universally composable and forward-secure RFID authentication and authenticated key exchange.," BAO F., MILLER S. (eds), Proceedings of the 2007 ACM Symposium on Information, Computer and Communications Security, ASIACCS 2007, Singapore, March,2007, ACM, p. 242-252, 2007.

[LEA 07] LEANDER G., PAAR C., POSCHMANN A., SCHRAMM K., "New lightweight DES variants", BIRYUKOV A. (ed.), FSE, vol. 4593 of Lecture Notes in Computer Science, Springer, p. 196-210, 2007.

[LEE 07] LEE Y., VERBAUWHEDE I., "A compact architecture for Montgomery elliptic curve scalar multiplication processor", International Workshop on Information Security Applications (WISA), South Korea, 2007.

[LEE 08] LEE Y., SAKIYAMA K., BATINA L., VERBAUWHEDE I., "A compact ECC processor for pervasive computing", Workshop on Secure Component and System Identification (SECSI), Berlin, 2008.

[LIM 05] LIM C. H., KORKISHKO T., "mCrypton-a lightweight block cipher for security of low-cost RFID tags and sensors", SONG J., KWON T., YUNG M. (eds), WISA, vol. 3786 of Lecture Notes in Computer Science, Springer, p. 243-258, 2005.

[MAR 05] MARTIN FELDHOFER J. W., RIJMEN V., "AES implementation on a grain of sand", IEE Information Security, p. 13-20, 2005.

[MCL 07] MCLOONE M., ROBSHAW M. J. B., "Public key cryptography and RFID tags", ABE M. (ed.), CT-RSA, vol. 4377 of Lecture Notes in Computer Science, Springer, p. 372-384, 2007.

[MEN 96] MENEZES A., VAN OORSCHOT P. C., VANSTONE S. A., Handbook of Applied Cryptography, CRC Press, 1996.

[MIC 88] MICALI S., SHAMIR A., "An improvement of the Fiat-Shamir identification and signature scheme.", GOLDWASSER S. (ed.), Advances in Cryptology-CRYPTO '88, 8th Annual International Cryptology Conference, Santa Barbara, USA, Springer, p. 244-247, August 1988.

[MOL 04] MOLNARD., WAGNER D., "Privacy and security in library RFID: issues, practices, and architecture", ATLURI V., PFITZMANN B., MCDANIEL P. D. (eds), ACM Conference on Computer and Communications Security, ACM, p. 210-219, 2004.

[MOL 05] MOLNAR D. SOPPERA A., WAGNER D., "A scalable, delegatable pseudonym protocol enabling ownership transfer of RFID tags", Selected Areas in Cryptography, p. 276-290, 2005.

[MON 07] MONNERAT J., VAUDENAY S., VUAGNOUX M., "About Machine-Readable Travel Documents", RFID Security, 2007.

[NAT 01] NATIONAL INSTITUTE OF STANDARDS AND TECHNOLOGY, Advanced Encryption Standard (FIPS PUB 197), November 2001, http://www. csrc. nist. gov/publications/fips/fips197/

fips197. pdf.

[NAT 08]NATIONAL INSTITUTE OF STANDARDS AND TECHNOLOGY, Cryptographic hash Algorithm Competition,http://csrc. nist. gov/groups/ST/hash/sha-3/index. html, 2008.

[NAT 95] NATIONAL INSTITUTE OF STANDARDS AND TECHNOLOGY, FIPS 180-1. Secure Hash Standard,Report,1995.

[NOH 07] NOHL K. , Cryptanalysis of Crypto-1, http://www. cs. virginia. edu. /~ knsf/pdf/mifare. cryptanalysis. pdf , 2007.

[OHK 05] OHKUBO M. , SUZUKI K. , KINOSHITA S. , "RFID privacy issues and technical challenges", Commun. ACM, vol. 48, num. 9, p. 66-71, 2005.

[OKA 92] OKAMOTO T. , "Provably secure and practical identification schemes and corresponding signature schemes. ", BRICKELL E. F. (ed.), Advances in Cryptology-CRYPTO '92, 12th Annual International Cryptology Conference, Santa Barbara, USA, Springer, p. 31-53, August 1992.

[O'N 08] O'NEILL M. , "Low-cost SHA-1 Hash function architecture for RFID Tags", Workshop on RFID Security, Budapest, 2008.

[ONG 90] ONG H. , SCHNORR C. -P. , "Fast signature generation with a Fiat Shamir-like scheme", EUROCRYPT, p. 432-440, 1990.

[OOR 96] VAN OORSCHOT P. C. , WIENER M. J. ,"On Diffie-Hellman Key Agreement with Short Exponents", EUROCRYPT,p. 332-343, 1996.

[ORE 07] OREN Y. , SHAMIR A. , "Remote Password Extraction from RFID Tags", IEEE Trans. Computers, vol. 56, num. 9, p. 1292-1296, 2007.

[PAI 07] PAILLIER P. , VERBAUWHEDE I. (eds) , Cryptographic Hardware and Embedded Systems-CHES 2007, 9th International Workshop, Vienna, Austria, September 10-13, 2007, vol. 4727 of Lecture Notes in Computer Science, Springer, 2007.

[PLO 08a] PLOS T. , "Susceptibility of UHF RFID tags to electromagnetic analysis", MALKIN T. (ed.), CT-RSA, vol. 4964 of Lecture Notes in Computer Science, Springer, p. 288-300, 2008.

[PLO 08b] PLOS T. , HUTTER M. , FELDHOFER M. , "Evaluation of side-channel preprocessing techniques on cryptographic-enabled HF and UHF RFID-tag prototypes", DOMINIKUS S. (ed.), Workshop on RFID Security 2008, p. 114-127, 2008.

[QUI 00] QUISQUATER J. -J. , GUILLOU L. , "The new Guillou-Quisquater scheme",Proceedings of the RSA 2000 Conference, 2000.

[RAV 01] RAVIKANTH P. S. , Physical one-way functions, PhD thesis, 2001, Chair-Stephen A. Benton.

[RIE 05] RIEBACK M. R. , CRISPO B. , TANENBAUM A. S. , "RFID Guardian: A Battery-Powered Mobile Device for RFID Privacy Management",BOYD C. , NIETO J. M. G. (eds), ACISP, vol. 3574 of Lecture Notes in Computer Science, Springer, p. 184-194, 2005.

[RIE 06] RIEBACK M. R. , CRISPO B. , TANENBAUM A. S. , "Is your cat infected with a computer virus?", PerCom, IEEE Computer Society, p. 169-179, 2006.

[ROL 08] ROLFES C. , POSCHMANN A. , LEANDER G. , PAAR C. , " Ultra-Lightweight Implementations for Smart Devices-Security for 1000 Gate Equivalents", in: GRIMAUD G. , STANDAERT F. -X. (eds) Smart Card Research and Advanced Applications, 8th 1AP WG 8. 8/11. 2 International Conference, CARAIS 2008, London, p. 89-103, 2008.

[SAV 07] SAVRY O. PEBAY-PEYROULA F. , DEHMAS F. , ROBERT G. , REVERDY J. , "RFID

Noisy Reader How to Prevent from Eavesdropping on the Communication?", in: PAILLIER P. , VERBAUWHEDE I. (eds) Cryptographic Hardware and Embedded Systems-CHES 2007, 9th International Workshop, Vienna, Austria, p. 334-345, 2007.

[SCH 89] SCHNORR C. -P. , "Efficient Identification and Signatures for Smart Cards."BRASSARD G. (ed.), Advances in Cryptology-CRYPTO,89, 9th Annual International Cryptology Conference, Santa Barbara, USA, Springer, p. 239-252, August 1989.

[SHA 08] SHAMIR A. , "SQUASH-A New MAC with Provable Security Properties for Highly Constrained Devices Such as RFID Tags", NYBERG K. (ed.), FSE, vol. 5086 of Lecture Notes in Computer Science,Springer, p. 144-157, 2008.

[SUH 07] SUH G. E. , DEVADAS S. , "Physical Unclonable Functions for Device Authentication and Secret Key Generation",DAC, IEEE, p. 9-14, 2007.

[TUY 06] TUYLS P. , BATINA L. , "RFID-Tags for Anti-counterfeiting", POINTCHEVAL D. (ed.), CT-RSA, vol.3860 of Lecture Notes in Computer Science, Springer, p. 115-131, 2006.

[VAU 07] VAUDENAY S. , " On Privacy Models for RFID",ASIACRYPT, p. 68-87, 2007.

[WEI 03] WEIS S. A. , SARMA S. E. , RIVEST R. L. , ENGELS D. W. , "Security and privacy aspects of low-cost radio frequency identification systems", HUTTER D. , MÜLLER G. , STEPHAN W. , ULLMANN M. , (eds), SPC, vol. 2802 of Lecture Notes in Computer Science, Springer p. 201-212, 2003.

[WOL 05] WOLKERSTORFER J. , "Is elliptic-curve cryptography suitable to secure RFID tags?", Workshop on RFID and Lightweight Crypto, Graz, 2005.

第四部分　EPCglobal

▶▶▶

第 6 章　EPCglobal 网络

第 6 章

EPCglobal 网络

6.1 简介

RFID 的历史可追溯到"二战"时期,联盟军队用带有 FOF(friend or foe)协议的 RFID 技术来识别领空内飞行的飞行器,然而,由于高昂的成本,这项技术隐匿了很长一段时间。而且,条形码提供了一种更经济的目标识别的解决方案,自 1970 年以来,条形码技术广泛用于各种消费产品,在计算机和商品之间形成了第一个有效的连接形式。读写器利用激光捕获印在标签上的一组线条信息,并将其转化为一系列的数字,即 ID 号。

如今,条形码技术已经广泛用在各大超市中,借助于安装在商店的仓库和货架上的识别系统,可以跟踪商品从制造到销售的整个过程。然而,它也有一些局限性,最主要的是受阅读的限制,这种系统必须通过光学仪器与对象接触(精确识别标签)。这种阅读技术要求必须有正确的方向、适当的角度,并且不能遮挡光线。由于这种阅读操作通常需要人工的干预,并且标签上记录的信息数量通常是很有限的,而且保持不变。由于 RFID 技术的阅读速度更快,这也是物联网技术应用中选择 RFID 技术的主要原因。

RFID 相关概念的成型起源于自动识别技术中心(Auto-ID Center)的创立。1999 年,由作为美国条形码监管机构的统一代码委员会(UCC,uniform code council)与欧洲物品编码委员会(EAN,european article numbering)发起,联合了宝洁公司(Procter & Gamble)以及吉利(Gillette),在美国麻省理工学院(MIT)共同成立了一个实验室,即 Auto-ID Center。该实验室由行业赞助,目标是开展自动识别技术的相关研究。这一工作的背后涉及一个由实际代表人所代表和控制的物理世界,即通过一个全球网络,人们在任何时候都可以通过其标签获得对象的相关信息的智能基础设施。

这项技术最初的也是最重要的动机是实现供应链(supply chain)的自动化管理,但应该注意的是,这项技术的应用已经扩大到许多领域,如公共交通、医疗保健及自动付款等。该项技术带来了一项重大的投资需求,以满足该技术在世界范围内的广泛应用所带来的性能、

本章由 Dorice NYAMY、Mathieu BOUET、Daniel DE OLIVEIRA CUNHA 和 Vincent GUYOT 编写。

成本、通用性和安全性的挑战。从 1999 年到 2003 年，通过与 UCC 和 EAN 国际组织的合作，一百多个公司和机构加入了 Auto-ID 中心，并由此成立了 EPCglobal 国际化组织，并继承了 Auto-ID 的工作。美国沃尔玛、德国麦德龙、英国特易购等世界上最大的零售商，各个领域的主要大机构及企业都加入到这一新的组织，该组织主要负责 RFID 的全球标准化工作。该组织不但继承了 Auto-ID 中心的工作，并联合了在澳大利亚、英国、瑞士、日本和中国等地的相关实验室，开始 EPCglobal 网络的基础建设。

EPCglobal 网络是一个全球架构，在这个网络下，可以通过读取包含在标签内的数据，从而将商品的相关信息发送给服务器，这些信息经过许多处理部件及接口，如信息采集、处理、格式化、拆分及分类等，最后，授权系统会获得所需的信息。本章将首先介绍 RFID 标签及其关键技术，了解标签 ID 内容，熟悉 RFID 的分类及已建立的相关标准。接着，对 EPCglobal 网络体系结构进行描述，包括读写器及其接口、名称解析服务（编码）、通信语言以及服务或信息服务器。安全问题是物联网带来的巨大挑战之一，在本章也将涉及。

6.2 标签

6.2.1 EPC 编码

就如在本章简介中提到的，物联网概念的出现将世界各地的商品信息构建出一个智能体系。在这一网络中，为了能够有效区分网络中的所有商品或者至少区分部分想要的网络商品，对每一种商品的命名便显得十分重要。产品的电子代码（EPC 码，electronic product code）便由此诞生。EPC 编码是一个串行编码系统，每个不同的商品都有一个唯一编码的标签。在编码过程中将研究不同方面的问题及挑战，既要考虑一般的计划也要考虑特殊情况，并提供利用 EPC 编码措施。为了方便阅读及消化，只要有可能，尽量提供端对端（end-to-end）的需求、方案及实例。EPC 缩写的定义已经包含了 code 这一单词，因此，在后续的章节中有时会直接使用 EPC 代替 EPC 编码。

EPC 编码的主要挑战是如何依靠编码顺序来列出所有商品，并用特别方法加以识别，而不产生歧义。另外，无论何时何地，标识符必须且唯一与同一物理对象相对应。因此，需要一组编码能够满足目前及未来的商品识别需求，关键问题便是编码的长度。第一代 EPC 编码设计为 96 位，相当于具有 $2^{96} \approx 8 \times 10^{28}$ 个可能的识别符，这比现今世界上制造的所有商品的总和还要多。此外，随着物联网理念的发展，识别需求也在增长。工业、交通运输、安全系统和其他许多新的应用的加入，也使得识别技术必须要满足更多商品的需求，不应再局限于个别的物理对象，而应该能够正确识别类似于机械系统的配置或物体的耐用组件，而像货物或托盘的临时拼装要有虚拟 EPC 编码。即使没有具体的实物，如服务，现在也要考虑在 EPC 的应用范围之内。由于很难掌握被识别的事物的数目，因此必须要确保 EPC 能够满足新的需求。因而，编码方案的可扩展性是一个非常重要的问题。

在全球标准化发展的过程中，其中一个主要的内在困难是预测所有可能的用途和应用。

如果没有一个完美的前景,那么就必须要设想一个扩展方法,因此 EPC 的设计可以提供多种变化形式。EPC 编码包含一个头字段(header),用以指定 EPC 的版本,并可以据此推断出 EPC 的编码结构。在 EPC 的第一个版本之后,又出现了一种较便宜的 64 位 EPC 编码。随后紧急推出了 256 位的 EPC 编码,为商品注册提供了更多的编码范围。为了获得更大的灵活性,根据版本的不同 EPC 编码的头字段本身有所不同,然而这又会引起新的问题:为了正确读取 EPC 编码,必须要首先获得表明 EPC 编码长度的版本信息,但如何去读取未知长度 EPC 编码中的头字段呢? 这一问题的解决方法是对于所有不同长度的 EPC 编码均按一种唯一的方式分配版本号,数值为 1 的 MSB 位的位置决定了 EPC 码的长度。对于 64 位编码,头字段由两位组成,第一个 1 可以出现在第 1 位或第 2 位上;对于 96 位编码,第一个 1 在 8 位头字段的第 3 位上;而对于 256 位编码,第一个 1 在 8 位头字段的第 5 位上。表 6.1 给出了 EPC 编码版本号的分配。

如今 EPC 码有 7 个版本。值为 0000 0000 的第 1 个字节是在版本域中保留的可能出现的长度扩展,是为 EPC 未来的版本而保留的,EPC 编码的长度仅由需求所决定。

注意:版本体系还解决了 EPC 的循环使用问题。由于一些机构会不定期地跟踪某一对象,因此确保 EPC 编码的寿命就显得尤为重要。在发生冲突时,人们不希望将旧编码抛弃而重新进行编码,而是采用一个新的版本来解决这样的问题。

另一个重要的方面是编码分配的责任问题,谁来分配识别符? 怎样才能有效运作 EPC 编码,并确保没有冗余? 这些问题的解决方法就是将任务分配给制造 EPC 编码的管理者。每个 EPC 管理者管理那些分配给他的 EPC 命名空间,并确保在其管理的空间内 EPC 编码的唯一性。EPCglobal 是管理 EPC 编码的国际性机构,当某一 EPC 管理者与 EPCglobal 签订协议后,EPCglobal 将对 EPC 管理者进行命名,并授权其为其产品分配 EPC 编码,然后 EPC 管理者会收到一个分配给他的 EPC 制造商号码。对于 EPC 管理者而言,其下管理的所有产品的 EPC 码都具有相同的前缀。对生产者而言,产品的号码还可分为产品号和序列号。因此一个完整的 EPC 码由四个部分组成:

(1) 头字段。如上所述,头字段提供了编码的结构信息。

(2) 生产商代码,表明谁应该对该 EPC 编码负有管理责任。十进制表示的 EPC 生产商代码 167 842 659 保留给私人使用,当个人或组织想要对其私人产品进行识别时,就可对该产品分配这类 EPC 编码,而无须经过 EPCglobal 的授权。为了防止混乱和冲突,最好是在拥有者控制范围内的那些产品可以使用这类编码。

(3) 产品号。即产品分类号,可以详细说明物品的类型或等级。

(4) 序列号。在某一类型或特定批号中,序列号给出了给定物品的唯一标识符。

表 6.1 和表 6.2 所示是不同的 EPC 版本的划分,并在图 6.1 中详细给出了 96 位 EPC 码的结构,编码以十六进制描述。

注意:这一划分也有助于分配服务,在后面的讲述中也可以看到,ONS、EPCIS、Savants、各种实体、公司或服务者都可以在不同层次参与 EPC 的管理任务。

表 6.1　实际的 EPC 版本号

EPC 版本		值（二进制）	值（十六进制）
EPC-64	TYPE Ⅰ	01	1
	TYPE Ⅱ	10	2
	TYPE Ⅲ	11	3
	扩展	NA	NA
EPC-96	TYPE Ⅰ	0010 0001	21
	扩展	0010 0000	20
EPC-256	TYPE Ⅰ	0000 1001	09
	TYPE Ⅱ	0000 1010	0A
	TYPE Ⅲ	0000 1011	0B
	扩展	0000 1000	08
保留		0000 0000	00

表 6.2　EPC 编码的分区

		版本号	产品域名管理	产品分类	系列号
EPC-64	TYPE Ⅰ	2	21	17	24
	TYPE Ⅱ	2	15	13	34
	TYPE Ⅲ	2	26	13	23
EPC-96	TYPE Ⅰ	8	28	24	36
EPC-256	TYPE Ⅰ	8	32	56	192
	TYPE Ⅱ	8	64	56	128
	TYPE Ⅲ	8	128	56	64

EPC编码

01.0000A89.00016F.000169DC0

头字段　　EPC域名管理　　产品分类　　序列号
0~7位　　8~35位　　36~59位　　60~95位

图 6.1　96 位 EPC 码的结构

最后，为了使编码方法尽可能在全球范围内被广泛接受并更通用，新的编码方法应该能够容纳所有过去的和现在的识别方法，并满足当前工业编码标准。EPC 编码标准融合了 GS1[①] 标准，并重新使用 GS1 标准的结构，该结构一般包括反映 EPC 管理者的公司前缀。下一个字段表示产品的类型，根据所考虑代码（Trade Item Reference、Assert Type、Location Reference 等）的种类，产品类型可以有不同的命名方式，在 EPC 编码的产品类别

---

① GS1 是一个在全球负责制定供应链中使用标准化编码方法的组织。其标准包括用于识别产品、容器、场所和服务的相关编码（GTIN、SSCC、GLN、GIAI、GRAI、ISBN 等）。有关详细信息可参见［EPC 08a］。

域中重新命名。接下来是版本号和序列号,图 6.2 说明了 EPC 编码兼容性。GTIN 码是全球贸易项目编码的简称,其最常用的物理形式是条形码。如今,EPC 码也与所有识别系统相兼容,它既可以是条形码形式,也可以为 RFID 标签,还可以按照对象特征进行手动输入。因此,EPC 可在物品识别、既定传输、数据交换技术等许多领域应用。

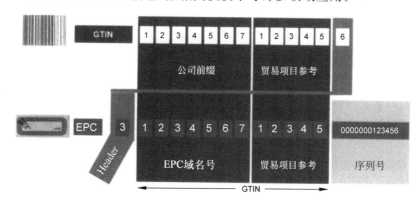

图 6.2 EPC-GTIN 兼容性

6.2.2 标签分类

根据结构、存储或计算能力、供电、传输技术和工作频率、操作距离、可用功能等特点,标签可分为多种不同的类型。最常见的分类方法是按照标签的供电方式进行分类,主要分为以下几类:

(1) 无源标签。该类标签的工作电源来自于读写器发射的射频能量。信息传输起始于读写器,根据信息返回读写器的方式不同,部分射频信号以一种特殊的方式进行反射,这就是一种最常用的标签,简称为 RFID 标签。由于没有电池,因此这类标签主要优点便是价格低廉。此外,无源标签具有体积小、寿命长等特点,由于该类标签不使用不可再生资源,特别适用于消耗量较大,但对性能及可靠性要求不高的场合。而无源标签的缺点则在于其读取范围较小。

(2) 有源标签。与无源标签不同的是,有源标签依靠电池进行工作。由于有源标签会主动产生射频信号,因此这类标签的通信过程不一定由读写器发起。由于受到电池的限制,这些标签的价格都较高,寿命较短。如果在被激活前,这类标签处于读写器读取范围之内,便可以由读写器"唤醒",否则标签会关闭电源以节约能源。这些标签的优点在于更高效、更可靠,且有更远的读取范围,因此适用于需要存储量大(即储存在标签上)或计算能力强(具有加密功能)且不需要考虑价格问题的场合。

(3) 半无源标签。像有源标签一样,这类标签在通信期间会利用电池为其内部电路提供电源,使其性能增强,提高阅读范围。然而,在该类标签中,电池不用于产生射频信号,而是与无源标签一样,读写器发出射频信号,然后通过标签再反射回读写器。半无源标签集成了有源标签和无源标签的优势,而避开了两者的缺点,具有有源标签可靠性的优点,也具有无源标签寿命长的优点。

根据标签的工作频率可以将标签分为低频标签、高频标签、超高频标签和微波标签。低频标签的频段为 30～300kHz，高频标签的工作频率为 3～30MHz，超高频标签的通信频率处于 30MHz 到 3GHz 之间，微波标签的工作频率超过 3GHz。

另外，可根据标签本身的电路结构及性能对标签进行分类。一类标签只有存储功能，只储存 EPC 编码并在需要时返回给读写器。另一类标签中包含微处理器，用以执行安全加密功能等相关操作。

如果按照标签与读写器之间的通信距离进行分类，可以分为近距离标签、中距离标签和远距离标签。近距离标签与读写器之间的读写距离不超过 1cm，中距离标签与读写器之间的读写距离可达 1m，而远距离标签的读写距离往往超过 1m。

EPCglobal 已经建立了自己的分类体系，并将该体系作为所有 EPC 码管理者的参考标准。在该体系内，根据标签的结构和具体特征，标签被分为四类：

（1）Class 1：ID 标签。该类别标签为无源标签，其内部包含有物品识别编码（EPC 码）、标签本身的识别码（标签 ID），还具有使标签永久失效的功能。该类标签还具有另外一种功能，即可以将标签退出服务或重新加入到服务，这主要是由于该类标签有一个基于存储的用户和密码的访问控制。

（2）Class 2：多功能标签。该类标签也是无源标签，比 Class 1 标签具有更多的组件及性能。因此，与 Class 1 标签不同，该类标签需要通过授权才能实现用户存储区的访问控制，同时该类标签也有扩展的标签 ID 号。

（3）Class 3：半无源标签。如前所述，该类标签的通信由读写器发起，因而是被动的，但该类标签本身也提供电源，标签中还有传感器，可以记录采集到的数据。

（4）Class 4：有源标签。与 Class 2 标签类似，该类标签包括一个 EPC 码、一个扩展的标签 ID 号，以及用于授权访问控制电路。该类标签使用电池供电，并通过一个自主发射器与读写器或与另一个标签之间建立通信。同时该类标签还具有用户存储器及传感器，可以记录所采集的数据。

其实标签的种类众多，不同特性的标签适用于不同的应用场合。这些特性之间有时是相互依赖的（通信距离就取决于磁场强度），一些特性在一定场合下具有优势，但却在另一场合表现为劣势（如一个带微处理器的标签其价格就远高于具有简单存储功能的标签），因此就需要根据使用目的及应用场合选择合适的标签。

6.2.3　标签标准

标签是 RFID 标准体系的终端单元，主要用于携带代码，当需要时，该代码可通过射频信号发送到读写器。正是基于这一观点，非接触式智能卡可看作 RFID 标签，特别是当它们用于识别时。现在这些智能卡功能已经很强大了，随着技术的进步，特别对于新的"智能"标签，智能标签之间的差异会逐渐消失。本节将要介绍标签的规范和标准，同时介绍智能卡。先了解标准的应用，然后介绍一些最常用实例。

全球众多的生产厂家都生产智能卡及RFID电子标签。为了使前面所定义的全球网络平稳运行,有必要让各行各业的参与者,如工业、商业或个人,在不依赖硬件的情况下能够方便地相互沟通。如果系统与RFID设备之间要保持良好的互动操作性,就必须对需要交换的数据的结构、寓意及通信机制进行事先协议。除了需要在多种产品之间进行通信外,同时也要求读写器与标签之间的通信不受其他设备的干扰。为了减少电磁波的干扰,更重要的是必须从全球角度或在局域范围内考虑到已经使用的电磁频率,即要使用适当的设备或频率,而这一频率或频率范围是由地区所决定的,如果可能的话,也可以在全球范围内统一,并将这一频率提供给RFID使用。这种标准化的另一个重要问题是必须要考虑公众健康和环境保护。的确,如果能大规模部署RFID,显然会给人们的日常生活提供很多便利,但也必须要考虑无线电波辐射对人体和环境的影响。建立一种特别是对人类无害的、同时尊重自然规律的标准应该在主管工作组的调查和证实后进行,以确保人们能够意识到这些电磁频率的存在。

受到这些条件的制约,需要对标签运行的各个方面制定相关标准。这些标准所涉及的内容包括标签的工作频率、发射功率、类型及通信周期的持续时间。下面对这些标准进行简要介绍。

1. ISO／IEC标准

ISO标准(国际标准化协会)和IEC(国际电工委员会)是两个全球技术标准化机构。该机构的成员是一些国际性组织人员,这些组织通过派代表参与到委员会中,制定各种技术领域和技术问题的相关标准。委员会已经在射频通信领域制定了相关标准,这些标准涉及非接触式智能卡和RFID电子标签,它们分别是ISO/IEC 14443标准和ISO/IEC 18000或ISO 18000标准。

1) ISO／IEC 14443标准

该标准一般称为ISO 14443标准,主要用于识别非接触式IC卡,该类IC卡也称为感应卡,工作频率为13.56MHz。ISO 14443标准定义了非接触式IC卡的物理特性以及与读写器的通信协议。该标准由四个部分组成:

(1) 第1部分:物理特性。ISO 14443标准定义了非接触式IC卡的尺寸、质量或表面类型(用于打印),还定义了在X光或紫外线辐射等一些环境条件下的行为特征,以及非接触式IC卡的工作温度或环境电磁场。该标准还指定了卡的抗机械应力,如折叠或扭曲。非接触式IC必须同时满足这些要求,而这要取决于其制造工艺。

(2) 第2部分:射频功率和信号接口。该部分标准描述了非接触式IC与读写器之间的功率传输和通信。芯片接收信号不依赖电池的能量,而由读写器发出的电磁波提供。读写器发送的电磁频率固定为13.56MHz。协议定义了两种类型的通信接口,分别为TYPE A和TYPE B,两者的区别在于磁场调制、数据编码格式及防碰撞技术。

(3) 第3部分:初始化和防冲突。该部分标准对进入读写器读取范围的标签应该由哪个首先"讲话"进行了描述,同时也规定了防冲突命令(请求和响应)的格式与节拍。如前所述,这些方法依赖于通信类型。对于TYPE A类型的标签,采用二进制搜索方法,并采用唯一的标签标识符作为参考。TYPE B 类型的标签则采用 Slotted Aloha[①] 法。

(4) 第 4 部分：传输协议。一般情况下，前三个部分足以满足标准的要求，因此这一部分是可选的。该部分标准指定了一个半双工传输协议，同时也定义了独立于低层的信息交换方式。为此，对 TYPE A 和 TYPE B 类型的标签定义了高层数据传输协议，在协议中确定了数据封装成块、错误管理和支持等内容。

2) ISO/ IEC 18000 或 ISO 18000 标准

这是从物品识别的视角针对 RFID 标签而制定的系列标准。在该标准中，数据的传输协议没有考虑数据的内容及结构，也不考虑标签的物理实现。正是由于该协议的这一独特性，因此当频率不同的设备使用相同的协议时，就会大大减少互操作性问题。该标准对 RFID 系统体系结构进行了描述，并且定义了一组适用于所有频率的公共参数及规格说明，为每一合法的频率或频段指定了具体的通信参数。因此，ISO 18000 共分为如下七个部分：

(1) 第 1 部分：这一部分标准对物品管理的参考结构进行了描述，并建立了在其他系列标准所确定的通用参数。事实上，后续部分提供了特定频率或频段时的规格说明。由于该标准在没有对其相关技术质量设置任何区分的情况下，支持各种 RFID 应用，因此该标准相对宽松。

(2) 第 2 部分：该部分标准详细给出了当频率低于 135 kHz 时，标签和读写器之间的通信参数，并定义了通信协议、命令、离散和防冲突的方法。该部分中也在物理层上定义了标签与读写器之间进行通信的两种类型，即 A 型（全双工，工作在 125kHz，由读写器持续提供能量）和 B 型（半双工，工作在 134.2kHz，除了标签与读写器之间进行数据传输时，其余时间由读写器提供能量）。

(3) 第 3 部分：这部分标准主要针对工作频率为 13.56MHz 的标签通信。该部分标准定义三种由传输速度决定的传输模式的通信参数。例如，模式 1 可以在双向实现传输速率为 26kbps，模式 2 则被称作高速传输，从标签到读写器的传输速率可达 105kbps，反过来，从读写器到标签的传输速率则高达 423kbps。

(4) 第 4 部分：该标准主要面向 ISM 频段（工业、科学和医疗），工作在 2.45GHz 的 RFID 设备。在信息系统方面，该标准支持范围超过 1m 的无线设备，并且定义了两种通信模式，分别适用于无源标签和有源标签。

(5) 第 5 部分：这部分标准定义了工作频率为 5.8 GHz 的 RFID 标签的物理层、通信协议及防冲突处理方法。由于缺乏全球性关注，该部分已经废弃。

(6) 第 6 部分：该部分标准定义了 860～960MHz 频段 RFID 标签的通信参数。与其他部分的标签一样，该部分标准描述了标签和读写器之间的物理接口、协议、通信命令和防冲突方法。通过编码、传输速率和冲突管理的不同，该标准主要用于三类标签。其中 C 型与 EPCglobal 的 UHF Gen2 的规范相同。

---

① Slotted Aloha：用于标签单一化的防冲突算法，时间按照固定的间隔被离散化了，只有当两个消息包在同一时间间隔被传输时才会发生冲突。

（7）第 7 部分：该部分标准定义了工作于 433MHz 频率下的 RFID 设备的通信参数。这类设备具有先进的功能，如可对标签进行写入操作，通过地址组检测或错误检测来选择标签。像第 4 部分一样，该部分标准同样区分无源标签和有源标签，标签的读写范围可达到 1m。

2. EAN / UCC 标准

该部分标准的前身是国际物品编码协会（EAN International）和美国统一代码协会（UCC，Uniform Code Council）联合为供应链开发的一套标准。这些标准最初用于处理数据交换，在标准中，定义不同的产品代码（GTIN、GLN、SSCC 等）及可能出现的表示形式或符号（条形码、数据矩阵等），并已被扩展到 RFID 技术本身。GTAG（Global Tag）项目于 2000 年启动，主要利用射频技术为供应链指定自动识别标准，并延伸到标签与读写器之间的通信接口。与之前所提及的提供给生产厂家的技术标准不同，该系列标准主要是应用规范，同时也涉及产品的使用。现在，EPCglobal 已经认可了关于超高频标签的相关标准，即也使用 ISO 18000-6 标准的 Class-1 Generation-2 UHF RFID 标准，主要服务于在 860～960MHz 频率下工作的标签。正在开发的另一种标准主要用于高频标签。在这些标准出现之前，EPCglobal 根据 MIT 前 Auto-ID 中心的工作也制定了相关的规范，并作为现在制定标准的引用标准。在之前的规范中，UHF 标签的工作频率为 900MHz 或在 860～930MHz 之间，而高频（HF）标签的工作频率为 13.56MHz。所有这些标准都定义了标签和读写器之间的通信协议、保证标签唯一性及如何减少干扰的方法（当几个标签同时在读写器的读取范围）。

还有其他标准，如针对非接触式识别卡（也称为近距离卡）的 ISO / IEC 15693 标准，该标准主要用于近耦合场合。此外，为了与 ISO / IEC 或 EAU / UCC 等标准相匹配，也在国家或地区范围内制定了相关的法律和法规来约束 RFID 在相关领域的应用，而这些法律或法规常常会决定在一个区域应该使用哪一个标准。例如，在欧洲就由欧洲射频通信委员会（ERC，European Radio Communication Committee）推荐建立了短距离射频设备的相关标准，而这一标准也成为 RFID 标签相关标准的一部分，该标准定义了短距离射频设备的使用频率、发射功率、带宽、循环周期、甚至应用等条款。

虽然制造商或地区规定之间存在差异，但标准的制定旨在促进设备的互操作性。然而，正如人们所看到的，由于全世界智能卡及 RFID 标签的种类繁多，因此也存在大量的相关标准，这就为在全球范围内采用具有相同特征的设备制造了不小的障碍，而作为为 RFID 制定全球统一标准的 EPCglobal 正在参与这项工作。但这并不容易，因为在某些国家或地区，标准中所涉及的 RFID 标签的工作频率已经在使用或被禁止（例如在法国军队使用通信频率为 865～868 MHz 的频段作为其军事传输使用，而在欧洲标准中这一频率选定给 RFID 标签使用）。

6.3　EPCglobal 结构

6.3.1　读写器协议

根据 EPCglobal 标准,读写器协议允许标签读写器与应用软件进行通信。不管 RFID 标签的射频频率是多少,均用术语"标签读写器"或"读写器"来表述 RFID 标签读写器。读写器协议中还对其他类型的标签进行了表述,如条形码标签。尽管标签读写器的名称有所不同,但标签读写器都能够将数据写入标签中。

读写器协议指定了能够读取(某些情况下可写入)标签信息的设备及应用软件之间的操作规范,这两部分被称为读写器和主机。主机是一个中间件或兼容 EPC 的应用程序,但读写器协议并不需要使用中间件或某个特定的应用。

读写器协议的作用是隔离不了解读写器和标签之间的交互细节的主机。读写器可使用不同的协议来与多种标签通信(不仅仅是射频标签),读写器也可以读取条形码。然而,在读写器与主机通信期间仅使用读写器协议。

读写器协议(RP,reader protocol)是一个接口标准,该协议定义了能够读取/写入标签信息的设备和应用软件之间的交互。而我们的目标是定义一个开放且可扩展的接口,使读写器厂商以一种标准的方式利用该接口来支持多数操作。

读写器协议的特性可使读写器读取、写入、关闭标签,访问用户内存,同时也能实现获取身份信息、配置命令、报告信息及选择信息,以及进行异步通知等功能。

1. 不同的协议层

如图 6.3 所示,读写器协议定义了三个不同的层:

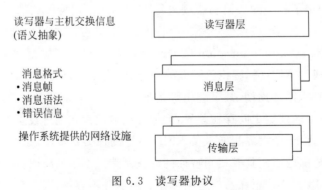

读写器与主机交换信息
(语义抽象)

读写器层

消息格式
•消息帧
•消息语法
•错误信息

消息层

操作系统提供的网络设施

传输层

图 6.3　读写器协议

(1) 读写器层。这一层具体指定了读写器与主机之间交换消息的内容和语法。这是读写器协议的核心,因为它定义了读写器可以执行的操作。

(2) 消息层。这一层具体说明怎么对定义于读写器层的消息进行格式化、封装、转换,并在网络中传输。

（3）传输层。该层对应于由操作系统（或其他相应的系统）提供的网络通信能力（或通信设备）。

读写器协议规范在消息层和传输层提供了多种应用形式，每个应用被称为消息传输绑定（messaging transport binding，MTB）。不同 MTB 提供了不同的传输方式，如通过蓝牙或传统串行通信的 TCP/IP。不同的 MTB 还可以建立不同的连接方式（读写器连接主机、主机连接读写器等），MTB 还可以提供建立同步所需的初始消息，或提供配置的信息。

2. 消息通道

消息通道定义为主机与读写器之间的接口，每个通道代表该读写器和主机之间独立的通信通道。消息通道有两种类型：

（1）控制通道。该通道主要是将来自主机的请求传输给读写器，并响应读写器传输给主机的请求，所有在控制通道中交换的消息遵循请求/响应方案。

（2）通知通道。通知通道以异步方式将信息从读写器传输至主机。通知通道中传输的消息仅由读写器发送，该通知通道主要用来使能某种操作模式，在该操作模式下读写器无须任何请求，便将从标签读取到的信息传送到主机。

由于定义了两个消息通道，因此可以将通知发送给与发送命令不同的主机上，该任务由控制通道中的命令执行，并允许控制通道内的主机指定一个次要主机，在次要主机上能接收读写器发送的通知。在某些情况下，读写器允许将通知信息发送给在控制通道中发送命令的主机，这样的控制通道在传输连接时需要采用信道复用技术。通常情况下，驱动程序需要利用这种通知发送模式连接到主机（如通过串行连接）。

读写器协议可为某一读写器分配一个或多个控制通道，某些情况下，读写器中的一个或多个通知通道可用于连接一个或多个主机。

3. 链接到读写器层

读写器协议用一种独特的方式让主机访问和控制读写器，这些读写器可以是来自于不同制造商的兼容读写器，并各自具有不同的特点。基本的读写器可提供位于射频区域的标签信息，而更高级的读写器则具有附加的高级功能，如复杂的过滤功能。

读写器协议定义了一组在读写器上实现的功能，并提供了访问和控制这些功能的标准方式。读写器协议并不要求每一种读写器实现所有这些功能，但如果需要实现这些功能，则读写器协议允许主机以一种标准化的方式访问读写器的这些功能。

6.3.2　应用层事件接口

应用层事件接口（ALE，application level event）的目的是为客户端过滤和汇总来自不同数据源的数据。该接口主要是将可分析来自于不同 EPC 数据源数据的处理层包含进来，以便从不同应用中识别重要事件。此外，该接口在终端用户的应用程序中增加了一个隔离层，如客户端或物理层，由其他实体进行开发和维护。这一隔离层结构如图 6.4 所示。该层增加了系统的灵活性，并为客户或物理基础设施的管理者降低了该体系组件的开发成本。

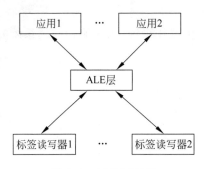

图 6.4　ALE 层结构

ALE 层提供的主要功能有：接收来自多个读写器的 EPC 信息；对数据进行累积、过滤、计数及分组处理，以便除去冗余，减少信息量，便于应用的执行；对所收集的数据提供不同类型的报告。

1．Savant 中间件的演变

起初，Savant 中间件所具有的功能集成于 EPC 结构的特定组件中，被称为 Savant。这个术语通常被用来指位于 RFID 读写器和终端应用之间的任何软件。从更专业的角度来说，该术语与位于麻省理工的 Auto-ID Center 提出的针对该软件的特殊结构有关[OAT 02,CLA 03]。

为了避免歧义，在最新的规范中，EPCglobal 已经放弃了这个术语[CPR 05]。新规范的主要目的是针对不同功能的定义，该规范包括一个正式的处理模型、一个在 UML 中的应用程序编程接口(application programming interface，API)，其 API 与 SOAP(simple object access protocol)协议结合，而 SOAP 协议与 Web 服务互操作性(Web service interoperability，WS-I)规范相兼容。与早期的 Savant 规范相反，后面版本侧重于外部接口，而不考虑具体实现及每个软件的内部接口。EPCglobal 采取的方式是在只有一个通用的外部接口时具有多种实现可能性。

2．规范的灵活性

如前所述，ALE 层的目的是在应用程序和物理层之间提供一个隔离层，而要获得此隔离，并允许独立于客户端应用程序和读写器硬件设备的开发，则在 EPCglobal 规范中[EPC 05]描述的接口必须有三个特点：

(1) 推荐规范将为客户提供一种高层次声明的方式来指定搜索到的 EPC 数据，而没有强制实现约束。接口开发是为了更好地满足客户需要，以便实现可能的策略。例如，这些策略可以优化预期性能及实现读写器的特定功能。

(2) 该规范提供了采用 EPC 数据生成报表的标准格式，该数据的获取与其采集位置无关。

(3) 本规范是与位置相关的高层逻辑读写器的 EPC 数据源的抽象，这一抽象可以隐藏用于在某一给定逻辑位置收集 EPC 数据的物理读写器。这样，读写器的类型和数量以及读写器与标签之间的通信对客户端来说便是透明的。

　　图6.5说明了使用与位置相关的高层抽象的优点。事实上,该图可以用来说明两种截然不同的情况。第一种情况,第一个逻辑位置Location1只有一个读写器L1,第二个逻辑位置Location2有两个读写器L2和L3。如果客户端不需要所用读写器上的底层信息,则这两个位置具有相同的寻址复杂性,事实上,Location2上的两个读写器对客户端来说是透明的。第二种情况,在物理层上负责系统处理的人员决定在第一个逻辑位置Location1上插入一个新的读写器L4,以提高信号质量,而新插入的这个读写器会使环境发生变化(如箭头所示)。由于使用了ALE接口,客户端的透明关系随之改变,使得其在寻址Location1时依然按照未变化前的方式进行寻址。这种存在于应用层和物理层之间的独立性是通过ALE接口得到的,它增加了体系结构的灵活性,并降低了处理成本。

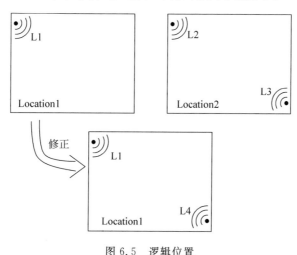

图6.5　逻辑位置

3. EPCglobal体系结构中接口的作用

　　在应用EPC技术的系统生产流程中会执行许多读写操作,而这些读写操作对系统客户端来说极有可能起到了"噪声"作用。EPCglobal体系结构的设计就是为了尽可能减少体系的读写、过滤、计数等操作。

　　ALE接口规范促进了这一目标的实现。ALE接口提供了灵活的接口形式,以实现一套标准的累积、过滤以及计数等操作,这些操作会对客户端的"请求"生成相应的"报告"。对客户端而言,它将根据这些报告的内容进行解释和决策。

　　ALE接口是围绕客户端的请求以及响应报告而建立的。这些报告可以直接发送给发出该请求的实体或负责处理该请求的实体所指定的第三方。该系统提供了两种类型的请求:

　　(1) 即时请求。此时会直接针对某一请求产生一次性报告。

　　(2) 复发性请求。当检测到期望的事件或达到规定的时间间隔时会自动发送报告。

　　从逻辑上讲,这些功能由处于客户端应用程序和物理读写器之间的某一层提供,如图6.4所示。但需要指出的是,ALE接口规范没有指定该处理实际在哪里完成,该处理过程可基于一个完全独立的中间件实体,或由一个具有足够资源的读写器执行。在所有情况下,ALE 接口都会作为一个与客户端接口的参考,这种方式为系统架构提供了更多的自由度,使系统能够最大限度地开发读写器能力,同时确保将客户端看作一个接口已知的黑匣子。

在许多应用场合,ALE 客户端是一款包含了 EPC 信息服务(EPCIS,EPC information service)的软件,或任何其他类似的处理软件。由于 EPCIS 也处理高层事件,因此需要区别 EPCglobal 架构的这两个组件。此外,由于 EPCIS 是面向商业应用中的数据处理,因此其处理类型是不同的。其主要区别在于:

(1) ALE 接口只对 EPC 数据进行实时处理,而无须长期进行数据登记。当然,为了增加系统的稳健性,客户端可以决定进行数据登记,这个功能是可选的。然而,商业应用一般使用自然持久的历史数据。

(2) 在无商业语义时,通过 ALE 接口的事件通信使用诸如 what、where、when 之类的简单语法形式。与此相反,处于 EPCIS 层的数据一般都具有商业语义,因此,ALE 层事件可以简单提供在给定时间给定位置与标签读写相关的信息,而在 EPCIS 层,信息与零售物品标签中所附加的信息有关。

ALE 层通过处理获取的数据流并过滤数据,以此来识别重大事件,取得显著事件的子集是商业逻辑应用程序的起点,公司的应用层在 ALE 层处理,而在公司中对可与其他信息处理活动相联系的事件进行记录。

6.3.3　对象命名服务(ONS)

对象命名服务(ONS,object name service)[EPC 08b]用于查找在 EPC 上的授权及关联服务的元数据,它使用已有的域名系统(DNS,domain name system)[MOC 87a,MOC 87b]来收集信息,而 DNS 用于在 Internet 上建立 IP 地址和域名的对应关系。ONS 的作用是将 EPC 翻译成一个或几个互联网统一资源定位器(URL,uniform reference locators),以便寻找更多的信息。总的来说,这些 URL 用于确定 EPC 信息服务(EPCIS)。而借助于互联网,ONS 也可将 EPC 直接与公司网站或其他资源相联。

1. DNS

DNS 是与互联网相联的计算机、服务器或其他资源的分层命名系统,并与分配给使用者的域名相关联。它将一连串易于记忆和理解的字符转换成网络设备中使用的二进制符,通常,像 IP 地址这样的二进制符应用于其他协议和设备,目的是查找或与机器联系。例如,网址 www. example. fr 就被转换成 132.227.110.107 的 IP 地址。

DNS 的命名空间就像一棵树,并从树的根部开始划分区域。每个 DNS 区域是一个处于授权命名服务器授权下的节点集合,这些服务器记录发生在授权区域内的变化,以避免连续对中央处理器进行访问和更新。最后,每个区域的行政责任可以被划分,用于创建其他区域,授权以子域的形式委托给区域内部分旧的命名空间。该层次结构的顶部由根服务器组成,而与顶级域名(TLD,top-level domains)命名相关的请求则发送给它们。

一个域名由两部分组成,被称为标签,通常由点进行常规分离,如 example. fr,标签右边的 fr 对应于 TLD,即直接在根区域之下。每个标签的左边是位于其域之上的一个子域。例如,example. fr 是域 fr 的一个子域。

在客户端,DNS 请求的目的是恢复研究资源的完整解析(转换)。例如,在相应的 IP 地址上对某一域名的解析。DNS 的查询可分为两类:递归或迭代。当 DNS 服务器收到一个迭代请求时,会返回一个部分响应或错误。从这些信息中,客户端会与另一台返回部分响应或错误的 DNS 服务器相连。客户端通过树状运行,直到达到了 DNS 服务器的所需信息。相反,当 DNS 服务器收到一个递归请求,如果 DNS 服务器不具备所有必需的信息,则该DNS 服务器会在层次结构上与另一台 DNS 服务器相连,该服务器将遵循同样的流程,直到与合适的服务器相联系。与此同时,如果没有找到合适服务器,响应则遵循一个相反的路径,而与客户端相连的 DNS 服务器发送所需的信息或错误。对于 DNS 服务器而言,这个模式是可选的。

2. ONS 借鉴 DNS 的使用

为了使用 DNS 来找到对应于某个对象的信息,必须将对象的 EPC 转换成可以被 DNS理解的形式,即由点分隔的域名格式。该 EPC 解析机制要求被处理的 EPC 与标准中所定义的 URL 形式一致[BER 05]。DNS 结构如图 6.6 所示。

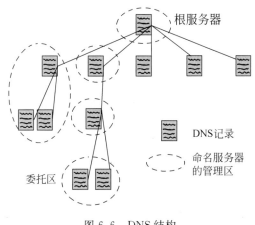

图 6.6　DNS 结构

与 DNS 原则一样,ONS 由本地服务器组成,主要分为两类:本地 ONS 服务器和根ONS 服务器。本地 ONS 服务器处理的请求与公司管理控制下的 EPC 相关,而当根 ONS服务器收到一个请求时,会发送一个与请求 EPC 相对应的可用服务列表,它们只包含含有数据的服务器的网络地址。图 6.7 表示一个典型的 ONS 请求:

(1) 从一个 RFID 标签读取的某一 64 位 EPC 编码,如 10 000 0000000000000 00000010000000000011000 00001000100110001100010000。

(2) 读写器将该二进制位序列发送到本地服务器,如 10 000 00000000000000000000010000000001 1000 00001000100110001100010000。

（3）本地服务器根据标准转换成 URL 形式［BER 05］，如 urn：epc：id：sgtin：0614141. 000024.400。

（4）本地服务器将 URI 发送给 ONS，如 urn：epc：id：sgtin：0614141.000024.400。

（5）ONS 解析器转换 URI 域名并发送一个该域的 DNS 请求，如 000024.0614141. sgtin. id. onsepc. fr。

（6）DNS 向一个或多个服务器返回一组包含 URL 指向的回复（如 EPCIS 服务器）。

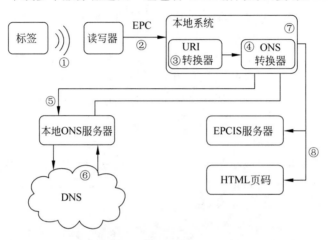

图 6.7 ONS 请求

（7）ONS 解析器提取 DNS 响应的 URL 并将其转发到本地服务器，如 http：// epc-is. example. fr/epc-phare. xml。

（8）本地服务器与在 URL 中为 EPC 指定的 EPCIS 服务器相联系。

6.3.4 物理标记语言（PML）

物理标记语言（physical markup language，PML）用于描述在 EPC 网络中怎样进行信息传输，它提供了一种共享的、标准化的语法集合来表示和传播 EPC 网络内部的信息。PML 包括两套语法：PML Core 和 Savant Extension，如图 6.8 所示。

Savant Extension 主要用于在 Savant 和商业应用之间进行的通信。

PML Core 语法定义了数据传输的标准格式，它可被 EPC 网络的所有节点所理解，即通过 ONS、Savant 和 EPCIS，以确保数据交换，方便系统配置，该语法也易于被人们所理解。因此，PML 语言是基于由 W3C［BRA 06］标准化的可扩展标记语言（extensible markup language，XML）。该语法的代码用于在数据发送前先格式化数据，如<lment> </lment>。可利用三类组件进行描述：传感器、观察者和可观测物。通常，传感器能够执行一些物理测量的器件，如温度测量、一致性等逻辑测量，主要包括 RFID 读写器、条形码读写器、传感器和体积很小的器件。观察者是由传感器执行的测量，它们与传感器中的数据相关联。最后，可观测物是传感器观测到的物理属性或实体。

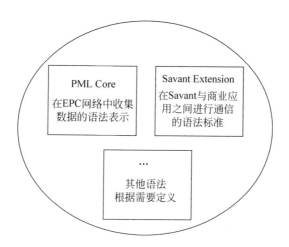

图 6.8　PML 代表 EPC 网络对象信息的词汇集合

下面是一个标签单元的 XML 例子：

```
<pmlcore:Sensor>
  <pmluid:ID>urn:epc:1:4.16.36</pmluid:ID>
  <pmlcore:Observation>
      <pmlcore:DateTime>2006-11-06T13:04:34-06:00</pmlcore:DateTime>
      <pmlcore:Tag>
        <pmluid:ID>urn:epc:1:2.24.400</pmluid:ID>
      </pmlcore:Tag>
      <pmlcore:Tag>
        <pmluid:ID>urn:epc:1:2.24.401</pmluid:ID>
      </pmlcore:Tag>
  </pmlcore:Observation>
</pmlcore:Sensor>
```

6.3.5　EPC 信息服务接口

　　EPC 信息服务是一个用于访问 EPC 系统信息的标准接口的规范。由于每个物品只有一个唯一的 EPC 编码(电子产品代码)，当实时收集每个物品的信息后，就可对每个物品进行单独跟踪。EPC 信息服务为供应链上的所有合作伙伴提供了有效的共享和交换信息的手段。的确，标准接口使得不同的用户都可使用相同的功能，通过供应链来访问数据。因此，当每个人都使用相同的接口时，这种做法可有效减少合作者之间的整合时间，即使这些合作伙伴利用不同的数据库来记录信息。EPC 信息服务如图 6.9 所示。

　　EPCIS 主要关注串行数据的共享。EPC 信息服务是分布式体系结构，是通信接口的技术规范，但却不是由 EPCglobal 集中管理的服务。

　　与 EPC 相关的数据被分为两类：收集物品的生命周期内的临时数据，如测量值(来自传感器的数据，如一个产品的历史温度数据)；静态方式获取的数据，这些数据不需更新，如

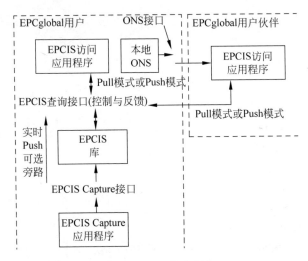

图 6.9　EPC 信息服务

生产日期或产品到期日期。

1. 规范

EPCglobal Software Action Group 的 EPCIS 工作组编写了 EPC 信息服务的技术规范,该规范由最终用户代表和技术方案提供商组成。最终用户感兴趣的是应用环境,而技术方案提供商客服专注技术实现。

EPCIS 接口规范就是为了避免对任何实现单元进行特殊的选用:

(1) 数据库(关系型、面向对象或面向文档数据库)。

(2) 操作系统(Windows、Mac OS、Linux 等)。

(3) 编程语言(Java、C♯等)。

(4) 与特定供应商的信息系统集成。

EPC 信息服务是基于 EPC 网络技术的顶层。EPCIS 是第一层,其中商业逻辑可以结合 RFID 读写器的读写事件。EPCIS 的所有层管理着三种数据:读写器、EPC 标签和时间戳。

EPC 信息服务为以下情况指定标准接口:

(1) 询问(获得 EPCIS 数据)。

(2) 事件捕捉(在 EPCIS 中记录数据)。

2. 实现

要实现 EPC 信息服务,人们可以选择利用串行数据寻求与现存数据库关联的 EPCIS 接口,或者也可以注册为一个技术方案提供商寻求 EPCIS 服务。

对一个制造商而言,商业伙伴可以利用对象命名服务(ONS)来找到自己的 EPCIS,寻找其产品的 EPC 代码。而对分销商或零售商而言,ONS 是否也能指出 EPC 信息服务是不确定的。事实上,ONS 使用的 DNS 技术是稳定而成熟的互联网技术,但该技术不适合于实时操作,另外由于数据流是由敏感数据组成的,因此 DNS 技术也缺乏安全性,这也是 DNS 技术的另一个缺陷。

6.3.6　安全

EPCglobal 网络是一个全球性的可追溯网络,服务于工业、商业、物流供应商,甚至包括消费者,从生产到零售来监测物品的加工过程及状态。如果说该网络在供应链管理中对物品跟踪有一定的优势,那么一定要注意不恰当的大规模开发可能引起安全方面的严重破坏,因为在这种体系中可能会存在不同级别的信息泄漏问题。本节中会对 EPCglobal 网络的危险或安全漏洞进行详述,并介绍实施一些可能采取的补救措施或方法。

如前所述,EPCglobal 网络包括多种实体(标签、读写器、中间件、EPCIS、ONS 等),这里将分析每个单元的安全等级,当然在该体系的不同组件之间的接口也存在安全问题,本节也会将这些安全问题与相关实体的安全问题进行比较。本节会讨论诸如标签与读写器之间显著的接口安全性问题,而不会关注体系组件之间的划分问题。

1. 标签

标签安全的最大威胁是可轻易将其从商品上撕下,以便使商品在不被发现的情况下通过超市的读写器,或在商品上帖上另一种标签来冒充别的商品。为了防止这种情况的发生,商品和标签制造商应确保标签不能在没有被明显损坏的情况下从商品上撕下。

当撕下标签或重复利用标签比较困难时,盗贼可以轻易地复制标签,人们只需要读取该标签的 EPC 码并使用相同的代码再做一个标签就行,而解决这一问题的办法是标签应只能将其数据传输给安全的且被授权的读写器,因此,这就需要一个被认证过的读写器,该读写器使用口令密码、加密和哈希函数,以确保只有经授权的读写器才能访问和/或解密由标签发送出来的数据。同样,在进行克隆检测时,也要确保标签能被读写器所识别。

有些标签是可擦写的,因此在没有有效措施的情况下,恶意读写器可以非法修改其内容,因此只允许经过授权的读写器才可以向标签写入信息。为了确保这一限制能实现,应在标签上设置基于诸如密码之类的访问控制,这也是用于 EPCglobal 中的 UHF Class1 Gen2 标签的一个实例,这个标签中包含了一个 32 位密码,用于保护标签存储器的访问。

2. 读写器与标签的通信接口

读写器和标签之间的通信可以通过一个恶意读写器进行窃听。如果将恶意读写器放置在两个通信设备之间,恶意读写器就可利用窃听的方法来重放或进行中间人攻击,面对这两个设备,这台读写器可以伪装成另一台设备。为了对付这种攻击,以前提出的诸如加密和认证之类的解决方案均可使用,从而防止窃听者轻易地提取到信息。作为替代,只要根据标签和读写器所控制的算法和参数来改变标签发送的每个询问值,窃听者就只能收集到无用的信息。对于 EPCglobal 中的 UHF Class1 Gen2 标签,采用了由标签产生一个随机数的方法进行加密(采用 X-OR 运算),其密码由读写器发送,但由于随机数是以明码的形式发送,所以这种方法也不是很安全。

读写器与标签接口的另一个严重的威胁是拒绝服务(DOS,deny of Service)攻击。射频信道可能被恶意读写器产生的信号入侵,进而损害所有的通信。对于这种危险没有绝对的解决方法,人们可以简单地安装一个装置,它能够阻断从保护范围之外进入的波。

3．读写器

假如当攻击者将恶意读写器伪装成一个正常读写器一样放在某个仓库里,这必然是一个严重的威胁。同样,在交换之前都应对放置在邻近位置的任何读写器进行身份认证以确保安全,这个工作可以通过证书验证来完成,而长期监控可确保读写器中没有保存从标签上采集到的信息,并保证所有的标签与读写器之间的通信端口只能由公司使用,而且只有经过特定的且可信任的工作人员的检查和认证,才能对读写器及其附件进行物理访问。

就像标签和读写器之间的接口一样,处于读写器和中间件之间的信息会招到窃听、重放或中间人攻击等方式的攻击。为了避免攻击,必须要在读写器和中间件之间进行相互认证,这样就可在它们之间建立一个安全的通信通道,而采用的方法包括 SSL-TLS、EAP-TLS、X.509 证书、公钥、签名等。

4．中间件

中间件属于 EPCglobal 体系结构中的一部分,位于读写器和保存数据的服务器之间。由于中间件也可被看作一个应用服务器,因此也会受到与服务器功能相关的威胁,包括干扰、DoS 攻击、病毒和蓄意破坏等。鉴于这些情况,必须要对中间件进行认证、授权及访问控制,同时也要有入侵检测系统,进行注册、杀毒以及安装防火墙等。

5．EPCIS

当包含了物品信息“数据库”的 EPCIS 受到攻击时,会十分危险。EPCIS 带有中间件的接口必须受到保护,就像读写器接口避免受到窃听、重放、中间人攻击等所受到的保护一样。采取类似于保护中间件的措施同样可以适用于 EPCIS,如认证、访问控制等。对所有的服务器都一样,用备份副本或“镜像”的方法来防止可能的破坏,并减少 DoS 攻击的危险是很重要的。

6．ONS

与 DNS 一样,ONS 也会遭受诸如破坏系统文件或缓存、虚假的 IP 地址、数据拦截等相同的攻击。要对付这些威胁,就必须配置一个良好的管理系统(文件系统备份,具有合适权限分配的访问控制等),保护原始 DNS 数据认证(证书、签名等),并配备带有防火墙或入侵检测系统的操作系统。

7．用户验证服务

一般物品的信息由 EPCglobal 用户生产、维护并保管,这些用户都来自于工业、商业企业和物流服务供应商,并能在网络中提供数据(只有 Gillette 可以生成 Gillette 商品的信息)。同样,只有获得授权的人员、公司或机构才能访问这些数据,因此,用户认证是在无混乱情况下接收和发送信息的必要条件,这也是需要这个认证服务的原因。这个认证应在两个用户之间没有任何先验知识或安排的条件下进行,就像服务器一样,认证用户也必须能够抵抗干扰、病毒 DoS 等的攻击。

6.4　结论

全球跟踪网络 EPCglobal 的诞生,迎合了工业、物流业及零售商对商品从企业生产到商储、直到最后卖给消费者进行实时跟踪的要求。分配给商品的产品代码(EPC)被植入到 RFID 标签中,通过对 RFID 标签进行简便的阅读就可轻易地对商品进行识别,并获得关于商品的其他信息。EPCIS 处于读写器和数据服务器之间,其体系结构包括对象命名服务器(ONS)和数据处理接口(格式化、过滤、聚合等)。

虽然与 EPCglobal 相关的 RFID 技术在许多领域得到广泛应用,也给人们的日常生活带来巨大的便利,但同时也给使用它的个人、企业或机构在安全方面带来了诸多的威胁。为了更好地发挥这项技术的优势,而不产生潜在的负面影响,研究人员已经想出了很多解决方案,这些解决方案适用于处于这个网络体系中不同层面的体系,并对正在进行的通信、操作控制(失活、写入等)、提供数据访问监护及抵御正在进行的系统行为(病毒、拒绝服务等)进行保护。然而,并不存在一个通用的解决方案,每个解决方案都有其优点及缺点(无论在操作还是价格上),每个解决方案都有特定的应用场合。同时,应该根据合理的约束及可利用的手段来对每种情况做出选择。

此外应当注意的是,如果已经很好地定义了 EPCglobal 的网络结构,且其组件能够被正确识别,那么建立标准的过程就应该被延续,同时也应承认该过程是一个很漫长的过程,该过程会延缓全球采用这种技术的进程。此外,绝大多数交易和网络上虚拟运营商的目的是宣传和鼓励各行各业人才加盟到该技术中去。

6.5　参考文献

[ALB 07] ALBERGANTI M. ,Sous l'oeil des puces:La RFID et la démocratie,2007.

[BER 05] BERNERS-LEE T. , FIELDING R. , MASINTER L. , Uniform Resource Identifier (URI): Generic Syntax,2005.

[BRA 06] BRAY T. PAOLI J. , SPERBERG-MCQUEEN C. M. , MALER E. , Extensible Markup Language (XML) 1.0 (Fourth Edition),Report,W3C,August 2006.

[BRO 01a] BROCK D. L,The Compact Electronic Product Code:A 64-bit Representation of the Electronic Product Code,November 2001.

[BRO 01b] BROCK D. L. ,The Electronic Product Code (EPC):A Naming Scheme for Physical Objects, January 2001.

[BRO 02] BROCK D. L. ,The Virtual Electronic Product Code,February 2002.

[CLA 03] CLARK S. , TRAUB K. , ANARKAT D. OSINSKI T. , SHEK E. , RAMACHANDRAN S. , KERTH R. WENG J. , TRACEY B. , Auto-ID Savant Specification 1.0,Auto-ID Center Software Action Group Working Draft WD-savant-l_0-20031014 ,October 2003.

[ENG 03a] ENGELS D. W. , EPC-256:The 256-bit Electronic Product Code Representation, Report,

February 2003.

[ENG 03b] ENGELS D. W. ,The Use of the Electronic Product Code,February 2003.

[EPC 05] EPCGLOBAL,The Application Level Events (ALE) Specification - Version 1. 0 , EPCglobal Ratified Specification, September 2005.

[EPC 08a] EPCGLOBAL,EPC Tag Data Standards Version 1. 4,EPCglobal Tag Data and Translation Standard Work Group,June 2008.

[EPC 08b] EPCGLOBAL,"EPCglobal Object Name Service (ONS) 1. 0. 1",Ratified Standard Specification with Approved,Fixed Errata,May 2008.

[GAR 06] GARfiNKEL S. ,ROSENBERG B. ,RFID: Applications,Security and Privacy,2006.

[KON 06] KONIDALA D. M. , KIM W. -S. KIM K. , Security Assessment of EPCglobal Architecture Framework,2006.

[MOC 87a] MOCKAPETRIS P. V. ,Domain Names-Concepts and Facilities,1987.

[MOC 87b] MOCKAPETRIS P. V. ,Domain Names-Implementation and Specification,1987.

[OAT 02] OAT SYSTEMS,MIT AUTO-ID CENTER,The Savant Version 0. 1 (Alpha),MIT Auto-ID Center Technical Manual MIT-AUTO-AUTOID-TM-003,February 2002.

[SAR 00] SARMA S. , BROCK D. L. , ASHTON K. , The Networked Physical Word : Proposals for Engineering the Next Generation of Computing, Commerce and Automatic-Identification, October 2000.

[WEI 03] WEIS S. A. ,SARMA S. ,RIVEST R. ,ENGELS D. ,Security and Privacy Aspects of Low-Cost Radio Frequency Identification System,2003.

第五部分 中间件

第 7 章

物联网中间件：原理

物联网的目标是将日常物品相互联系在一起，其目的是建立一种新的分布式应用体系，能够像供应链的管理一样将大量的物品进行自动化管理。由于物品的数量庞大，因此采用人工管理这类事情就显得越来越困难，而采用自动化管理则可以提高管理系统的反应速度及可靠性。虽然物联网的应用通常是作为一个例子提出，但其实其应用涵盖了物流、远程医疗、电子票务、门禁、家庭护理服务等诸多方面。

物品也许或多或少地直接与应用服务，甚至与用户相联系，这种特定交互的目的是允许一个系统或个人从物品中能够检索出与物品本身相关的信息（特别是在 RFID 标签中的识别信息），相应地，能够在一个自动化框架内发出相应的指令。

在这一节内容中，在以上设备中实施的中间件具有关键的作用。一般情况下，中间件的基础设施能够构成一个网络，其终端（通过 RFID 标签的物化对象）具有较低的计算能力，没有或仅有少量的电源供应。正是由于低运算能力及缺乏能量源，标签面临的问题类似于嵌入式和移动系统中的问题，如传感器网络中的问题。物联网的智能在于其分布式的基础结构，与原始的基于智能终端的互联网相反，该结构主要由中间件支持。

中间件的目的是开发一种新的信息系统，将数量众多、种类不同、位置分散的现有资源进行整合，以减少数据的采集时间。中间件提供了一个灵活且可扩展的基础架构，使得不同质的物品透明，并使中间件可以上下感知，具有较好的用户适应性。

中间件试图将来自于用户（人或软件）的标签中的信息隐藏起来。第一种解决办法是要突出服务理念，抛开底层构架，在这种情况下，就要求中间件必须具备方便发现、搜索和访问功能。另一个解决方案是将所有的标签作为分布式数据库的单元，在这种情况下，中间件就必须能够访问数据，并能在分布式的结构下提供构建和评估请求的手段。

一方面，中间件必须能够处理大量的数据，并能顾及所涉及物品可能的增加。另一方面，作为物品，实际上与基础设施连接的时间很短，因此在短时间内，中间件必须在端到端的

本章由 David DURAND、Yann IAGOLNITZER、Patrice KRZANIK、Christophe LOGE 和 Jean-Ferdinand SUSINI 编写。

供应链中遵循严格的响应时间限制。

在接下来的三章中，将对中间件在物联网中的应用技巧进行讲述。目前存在多种基于资源整合(数据和程序)的信息系统，且满足需求的技术各有不同，因此，RFID升级方案需要与现有的、可解决物联网问题的中间件相适应。正如前面所指出的，根据中间件的两个主要实现方式，可以将中间件分为两大类：面向数据类和面向服务类。不管在什么情况下，中间件的目的就是提供高层次的抽象来过滤和整合信息。在随后的章节中，主要内容不再是RFID标签。在本章中，主要介绍中间件的原理与概念，中间件的概念在20世纪90年代初期就已经出现了。本章将使读者熟悉物联网基本概念并理解物联网的相关问题，而对中间件通俗且完整的描述读者可参考文献[KRA 08]。第8章中会以被公认为物联网最合适的标准规范为例，展示在该领域中为实行标准化而做出的努力。在第9章，除了介绍更多的关于物联网未来发展的研究以及学术建议外，还将介绍工业解决方案的技术水平。

最后，将总结目前该领域的发展趋势，并提出该领域发展的未来前景。

7.1　分布式应用

本节主要是提供中间件必要的知识，使读者理解本书后续章节的内容。

7.1.1　原理

分布式应用是指至少两个以上的进程，通过在通信系统上的合作，根据既定的协议进行信息交换。这些进程可以在同一台机器上进行，也可以分布在多个物理机器上完成。

随着通信网络的发展，分布式应用已经成为满足人们众多需求中必不可少的部分，包括数据采集和备份、特定的服务需求及相关服务、科学计算中的负载均衡、远程应用程序的连接、协同工作等应用。

面临众多的需求，技术发展的趋势是简化此类应用的设计、实现及维护。基于此观点，建立了多种架构。相较于它们的起源，这些架构都在很大程度上进行了改进，以掩饰主机系统的特异性和分布式物品位置。

7.1.2　客户端—服务器模型

分布式应用中最简单的模型是客户端—服务器(Client-Server)模型，这种模型运行着一个被称为 Server 的进程，在一个或多个被称为 Client 的进程的要求下执行按需的处理。

图 7.1 说明了这一原则。托管在计算机 A 的一个客户端进程向托管在计算机 B 上的服务器进程发送了一个请求，此时计算机 B 会向计算机 A 返回一个响应。

n 层模型是 Client-Server 模型的扩展，在该模式中，一个 Server 进程在请求处理的过程中反过来可能成为另一个进程的 Client。随着通信、特别是互联网的日益发展，这种模式被广泛使用。

图 7.2 以一个常用于互联网的例子，说明了在 n 层模型中如何进行应用设计。在计算

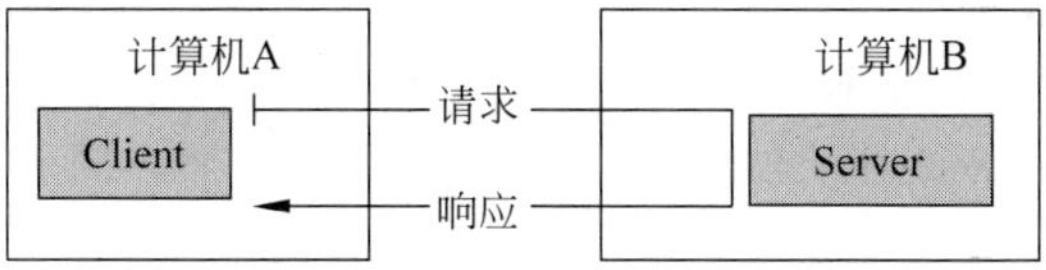

图 7.1　Client-Server 模型的互联

机 A 上运行的浏览器向托管在计算机 B 上的 HTTP Server 发送了一个请求，而在这两台计算机上执行的协议是 HTTP①［FIE 99］。此时 HTTP Server 的一个模块与托管在计算机 C 上的数据库 Server 通信，这时使用的是专有协议。此时 HTTP 服务器担当起两个服务器的角色，而不管浏览器角色、客户端角色，甚至担当数据库服务器。根据这个例子，可以讨论三层架构，因为在进程之间的链路上有三个组件。

图 7.2　n 层模型的互联

在这一应用中，请求的发送和接收都是基于 Sockets 规范［BES 87］。这种方式使得处于网络中的两个单独的计算机可使用低级的原始语言，并利用一条通信通道进行数据传输。这种方式的优势在于几乎所有的操作系统和编程语言都支持这种方式，然而与传输、接收及处理数据的误差控制相关的代码会引起超载，而这又会限制设计人员的设计。

7.2　RPC：远程过程调用

由于存在许多不同的物理通信协议（TCP/IP、UDP/IP、ATM 等），存在多种异构操作系统（POSIX、Win32），软件和库存在不同版本，硬件的体系结构（CISC、RISC）存在不同，数据表示也有大端（big endian）与小端（little endian）的差异，而编程语言也有很多种类，所有这些都使得分布式应用程序的实现十分复杂，这也是许多错误的来源。为了便于发展，20 世纪 80 年代出现了 RPC② 机制［BIR 84］。基于 Sockets 规范，通过关注底层通信技术，这种技术允许以透明的方式建立远程过程调用机制。由于一种独立于硬件架构的数据表示协议，即 XDR③ 技术的应用，该技术也可确保利用异构平台将数据转换成一种可理解的表示。

RPC 的原理说明如图 7.3 所示，先是服务器进程用事先定义的语言（RPCL）给出一项

---

① HTTP：超文本传输协议（hyper-text transfer protocol）。

② RPC：远程过程调用（remote procedure call）。

③ XDR：外部数据表示法（external data representation）。

服务描述,随后将该描述编译成客户端与服务器程序代码。这些生成的文件便称为存根(stub),包括建立服务及通讯的代码。设计人员需要编写过程处理的代码。

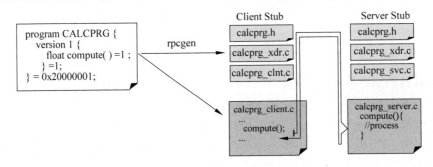

图 7.3　使用 RPC 生成代码

7.3　面向对象的中间件

与 RPC 一样,中间件代表一组软件层,该软件层使得远程进程之间的相互操作变得方便,同时也可将操作系统应用程序执行环境的一些细节屏蔽起来。

应用程序的创建过程与 RPC 技术非常相似,即由对象提供服务定义,紧跟其后的是生成 stub 存根,目的是在各种应用实体之间建立通信进程。

但是,如果 RPC 主要使用过程编程语言,那么中间件便可以从概念上将远程过程调用扩展到远程对象操作上去。

在代码方面,特别是由于强数据类型(strong data typing)及易于处理的出错管理和传播机制的采用,使得面向对象的方法可以减少错误。

此外,中间件通常会提供附加的属性和概念,这样设计人员可利用这些属性和概念来构建应用,便于开发。下面是其中几个方面:

(1) 接口与对象实现的分离。接口的概念使得设计人员可在不考虑具体实现的情况下获得服务。在这一原则的指导下,使得服务实现功能可以更新、扩展,而客户端就不得不改变获得服务的方式,如图 7.4 所示。

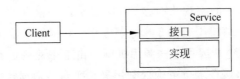

图 7.4　接口分离及其实现

(2) 通信协议方面的透明度。中间件也对用于通信的底层进行了考虑。从服务定义中生成的 Stub 存根确保了在提供服务的实现与使用服务的物品之间的物理连接,因此,应用程序设计独立于所使用的通信技术,如果获得中间件支持,应用程序的设计也不会在支持方面有任何的改变。

（3）物品位置的透明度。由于命名服务等机制的运用,可在不求助于物品所占据的节点的物理地址时,对远程物品进行定位。

在图 7.5 中包含了一个注册为命名 Service 的命名服务(1)。当 Client 想要使用这个 Service 时,它就会向命名服务器发送一个请求(2),命名服务器会定位 Service 的实例,并将 Client 与 Server 的 Stub 存根连接起来(3)。这样两个对象之间的相互操作就可以开始了。

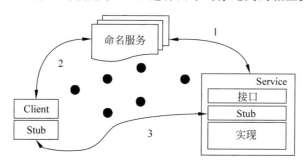

图 7.5 命名服务的服务查找

现在有许多不同的面向对象的中间件架构的实例,其中最常见的是 OMG[①] 的 CORBA[②][OMG 04]、Sun Microsystem 公司的 Java RMI[③][SUN 04],还有 Microsoft 公司的 Framework. Net/Remoting[MIC 09]。后者逐步取代了 DCOM[④] 架构[MIC 96]。

原则上,这三个结构的操作方式相似,可以在上文中找出所讨论的多数概念。从我们的角度来看,差异主要集中在指定服务功能、生成中间层或找出远程对象等方面。

1. CORBA 体系结构

CORBA 是一个由 OMG 制定的中间件规范。该架构的核心为 ORB[⑤],它保证了通信任务的自动化,实现目标的定位及激活,同时也确保了异构系统之间交换信息的转化。图 7.6 展示了这种架构。

作为规范,CORBA 既不与任何硬件/软件平台相连,也不与任何特定的编程语言相关。因此,CORBA 具有多种不同的实现方式,如 OPENORB[BLA 01]、MICO[PUD 00]、ORBACUS[ION 05]及 JACORB[BRO 97]等。

CORBA 有一个关联的接口定义语言(IDL[⑥]),因此 CORBA 可用于描述某一对象提供的服务,并独立于用于其应用的编程语言。IDL 编译器可以将 IDL 接口转化为某一特定的编程语言,而在这一过程中将生成包括 stub 和 skeleton 的代码部分,从而保证了执行环境、

---

① OMG：对象管理组织(object management group)。
② CORBA：通用对象请求代理体系结构(common object request broker architecture)。
③ RMI：远程方法调用(remote method invocation)。
④ DCOM：分布式 COM(distributed COM),其中 COM 为组件对象模型(component object model)。
⑤ ORB：对象请求代理(object request broker)。
⑥ IDL：接口定义语言(interface definition language)。

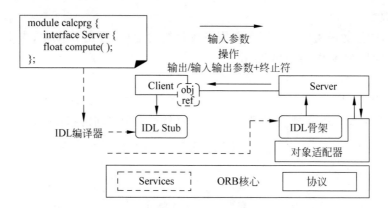

图 7.6　CORBA 结构的常规操作原理

服务器应用及客户端之间的连接。

在 CORBA 范畴内，一个服务器对象被看作一个 IDL 接口实例，其位置被一个参考机制（IOR[1]）所屏蔽，该参考机制含有客户端可以访问的一个或多个路径。

1）定义与生成阶段

声明服务是应用 OMG-IDL 语言在接口中描述的。IDL 编译器支持多种编程语言，包括 C++、Java、Python 或 Ada 语言。在服务器端，通常是通过继承所生成的骨架（skeleton）方式来建立执行的；在客户端，利用 Stub 来将请求传送给服务器。

2）服务及调用的建立

在实例化后，服务器对象必须登记并在 ORB 中激活，以准备接收客户端请求。它可以选择使用命名服务（naming service），以通过名称描述来引用。客户（customer）也会应用同样的服务来检索服务器对象的远程备份。

在服务器对象上调用某一服务时，由客户端发出的请求以一种透明的方法传递给 Stub，然后 Stub 将可能的参数转化成一种简便数据表示（CDR[2]），并将这些数据发送给 ORB 核。ORB 核会将来自客户端的请求传送给服务器，并沿原路径返回该请求的结果。

对象适配器（object adapter）负责来自于 ORB 核的路由请求，查找与请求目的相匹配的 Skeleton，该 Skeleton 会将具有 CDR 格式的参数备份成目标对象的格式，并在服务器对象上调用指定的操作。

ORB 的不同部分会利用 GIOP[3] 协议进行通信，从 1.2 版本开始，这一通用协议允许来自于不同供应商的 ORB 之间进行相互通信。GIOP 的标准实例是以 IIOP[4] 的形式执行的，该协议可用于分布在不同设备的应用程序上，也可用于处于同一设备中的应用程序上。

---

①　IOR：可互操作引用（inter operable reference）。

②　CDR：公用数据表示（common data representation）。

③　GIOP：通用 ORB 间通信协议（general inter-ORB protocol）。

④　IIOP：互联网内部 ORB 协议（internet inter-ORB protocol）。

2. RMI 架构

RMI 是一种基于 RPC 的架构，专用于 Java 平台，该架构是面向对象的，并支持使用 JVM[①] 的所有环境。Java 本身的性质可以屏蔽与数据编码相关的问题。

RMI 没有定义 IDL 语言，但重复使用了适当的 Java 接口。图 7.7 给出了 RMI 架构的概况。

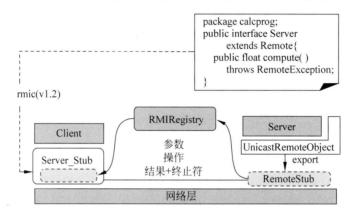

图 7.7　Java RMI 的一般操作原理

根据用于不同版本的机制，RML 编译器（rmic）主要用于在客户端或在客户及服务器（Skeleton）两侧生成 Stub。从 Java 平台 1.5 版本开始，这一步可以省略，这时可由 JVM 在执行期间动态地生成 Stub 及 Skeleton。

RMIRegistry 服务是 RMI 的一个命名服务，它允许在目录中引用远程对象，并允许客户端利用它们相关的服务名称找到远程对象的引用。

1）定义与生成阶段

通过直接或间接地将 Java 接口扩展成 java.rmi.Remote 接口，远程服务的声明可借助于 Java 接口来实现。服务器对象必须实现该接口，以便使用 RMI 功能。另外，远程服务还可以扩展 java.rmi.server.UnicastRemoteObjec 类，该类的扩展提供了一些用于 RMI 总线连接自动匹配的方法。在这种实现中，编译器（rmic）将生成一个用于客户端的 Stub。

2）服务和调用的建立

当服务器实例创建后，它必须以远程引用的形式导出。UnicastRemoteObject 对象专门为该任务提供了实现方法。当在 RMIRegistry 中进行服务器注册时，已产生的远程引用和用于引用服务器的名称一起被发送过来。

为了访问服务器，客户端必须调用 RMIRegistry，当服务器被注册后，就会利用 RMIRegistry 传送服务器的名称。远程引用被传送给 Stub，该 Stub 负责将调用从客户端发送到服务器。数据的编码和解码是通过 Java 序列化（serialization）标准机制来实现的，通过任意一种流（flow）来实现对象的传送。

---

① JVM：Java 虚拟机（java visual machine）。

从 Java 平台的 1.5 版本以后,去掉了 Stub 生成步骤,这是由于 Stub 是执行应用程序期间动态创建的。然而,这并没有改变 RMI 的原理。

3. Microsoft.Net 与远程架构

远程服务已开发了一系列的 DCOM,便于在 Microsoft.Net 平台上进行分布式应用程序的开发。

就像 Java 技术一样,这种结构是基于由虚拟机解析的自身中间代码。而与 Java 不同的是,其中间代码可利用各种编程语言来构建,包括 VB.Net、C♯及 C++。虽然它主要为微软 Windows 操作系统而设计,在开放源码项目上.Net 技术或多或少地已经实现(Mono[Nov 09]),如今可以用于许多操作系统,如 Linux、Solaris、BSD 及扩展的 MacOS X。由于其便携性,使其在分布式应用中成为一个有趣的多平台和多语言开发环境,因此,人们十分期待能在全异构的环境中实现.Net 移植项目的完整开发。

类似于 RMI,.Net 没有定义附加的 IDL,但却可使用由被支持的对象语言提供的接口来描述远程对象的服务。图 7.8 给出了使用 C♯作为既定语言的操作过程。

在客户端和服务器侧的 Stub 生成机制不是必需的,它可以由在执行的过程中实时生成的动态代理(dynamic proxies)来代替。

目前,在客户端和远程对象之间还没有命名服务器进行连接,客户端必须要知道与其连接的服务器位置和参数。服务器位置的详细信息必须直接在代码中指定,但也可通过重新组合通信参数的方式在配置文件中进行定义。

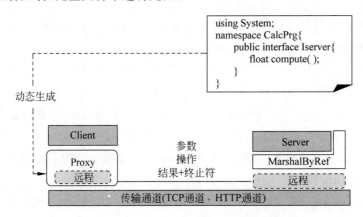

图 7.8　Microsoft.Net 架构的远程操作原理

1) 定义阶段(SDK 1.1)

远程服务的声明是利用 C♯、VB.Net、C++或平台所支持的任何语言编写一个简单的接口来实现的,服务器对象必须实现该接口,并利用相同的语言扩展 MarshalByRefObject 类,使其成为其中一个接口或成为另一种由.Net 支持的接口。

2) 服务和调用的建立

客户端和服务器之间是通过通道(channel)来进行通信的。默认情况下,有两类通道:

二进制类型通道(TcpChannel)和文本型通道,这两类通道均基于 SOAP①(HttpChannel)协议建立。

在服务器侧,所选择的信道类型和监听端口必须与 ChannelServices 一起进行配置,以准备所述的通道。最后,远程对象应该通过使用远程配置(remoting configuration)对象所提供的服务来激活,还要指定其他的一些内容,如必须引用远程对象的名称。

在客户端侧,在获得服务器对象的远程引用之前,必须通过指定其连接地址的方式来配置其通道。

7.4 面向对象中间件架构的总结

前面对三种面向对象的中间件架构进行了概述,可以看出这三种架构都遵循同样的基本原理,来方便分布式应用程序的开发:

(1) 对由对象提供的服务进行抽象描述,目的是在服务接口与其应用之间进行解耦。

(2) 在分布式对象之中自动建立通信。

(3) 以相对灵活的方式来确保分布式服务具有透明的地址。

(4) 使与执行平台相关的技术层标准化。

总之,无论什么样的中间件,显然其架构具有相同的目标。为了便于设计和开发应用程序(有可能是分布式应用),中间件的目的是让应用程序设计人员和程序员利用高层 API②接口来隐藏基于底层 API 接口的技术细节。

如图 7.9 所示,中间件是处于应用对象(调用对象和被调用对象)之间的软件层。通过使用支持系统提供的底层 API 接口,利用中间件的概念和机制可将两个对象链接在一起,进行相互操作;同时,它为应用对象提供了高层 API 接口,通过运用高层 API 接口,应用程序设计人员和程序员可以把自己的精力和重点放在他们的应用逻辑上,而不是迷失在技术细节中。

根据 ISO 标准,在总结大量中间件结构的基础上,图 7.10 给出了中间件的基本结构。在本书中没有介绍其所有的结构,但必须要理解中间件的三层,其中的一层结构称为 ODP 通道。ODP 通道的三个逻辑层分别为:

(1) 顶层(top layer)。也称为 Stub 存根层。该层提供的组件允许应用对象以底层中间件为基础,同时该层也提供与数据格式和服务调用相关的特性。

(2) 链路层(link layer)。允许应用对象与其交互目标之间进行连接,该连接是强制性的,建立在执行所有相互操作之前。

(3) 协议层(protocol layer)。运用及实现底层通信机制,在不考虑参与通信的两部分性质的基础上,让双方相互交换信息,在同一台机器或不同机器上执行不同的进程。

---

① SOAP：简单对象访问协议(simple object access protocol)。

② API：应用程序接口(application programming interface)。

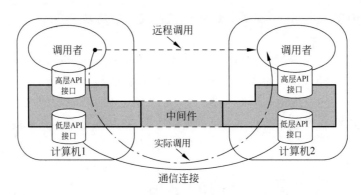

图 7.9　中间件

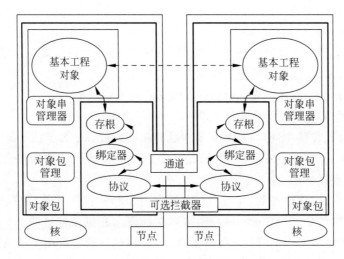

图 7.10　ODP 通道

接口(interface)的概念应用广泛,在市面上主要应用中都会用到,就像以上介绍的中间件的一般结构一样。

接口的概念可以移除某一对象(图 7.11 中所示的 X)和方式的类型,而由该类型所提供的服务在接口中得以实施(图 7.11 中为 X-Impl)。接口 X 包含了一组提供给操作的签名,其实现包含了这些操作的业务逻辑层。接口概念在服务提供者及服务使用者之间形成了一个契约,一方面,合同规定所有的服务都必须通过可展示该接口的对象来实现;另一方面,它指定了用户可访问的所有服务。这种去相关操作授权了可用某一接口应用去替代另一个应用,从用户角度,这也意味着需要做最小的改变。

许多中间件提供位置透明(transparency to the location)属性,无论对象的地址空间是否相同,该属性都能让用户以相同的方式写下它与对象之间的相互作用。为了实现这一属性，采用了 Proxy 设计模式①。

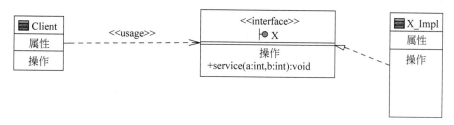

图 7.11　接口：服务提供者和服务使用者间的传递协议

图 7.12 给出了 Proxy 设计模式的示意。其中包括与用户进行相互操作（交互逻辑）的服务接口 X，以及一个与用户进行交互的同一接口的 Proxy。由于代理服务器（Proxy）和服务器（Server）提供了相同的接口 X，当用户发出一个调用时，该调用被 Proxy 捕捉到（物理交互），这就确保了该调用能被中间件传送到 Server 的具体实现上。

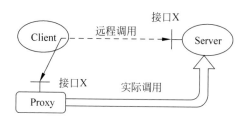

图 7.12　Proxy 设计模式

7.5　XML 变革

20 世纪 90 年代中期，随着网络的成功发展，新型分布式应用随之出现，并激发了新的研究热情。本节将介绍一种用于数据表示的新工具：XML 语言。由 W3C② 联盟开发的 XML 语言在很短的时间内就成为分布式应用程序首选的数据表示语言，并导致新类型的中间件 SOAP、XMLRPC 的出现，使得更通用的 Web 服务（Web service）将在分布式应用程序的开发中处于领先地位。

如今，信息系统的获取在很大程度上依赖于 Web 技术。标准化工作使得利用 Web 服务成为可能，使得应用开发获得 Web 技术的大力支持。

在本节，首先将对 XML 进行简要概述，然后介绍 Web 技术和 XML 对分布式应用程序结构的影响，最后通过 Web 服务的概念介绍 Web 技术及 XML 对中间件本质的影响。

---

① Design Pattern：设计模式。
② W3C：万维网联盟（World Wide Web Consortium），控制万维网的标准及开发技术。

7.5.1　XML 简介

XML[①][XML 08]语言是一种标记语言,与 HTML 一样,该语言也是根据 W3C 联盟的协议进行标准化的语言。标签包含一个描述性文本,该文本的第一部分是标签标识符,且该标识符放置在一个小于号"<"和一个大于号">"之间。文档中的数据是由标签框定的(开始标签和结束标签),结束标签重用了起始标签的标识符文本,并在其前面加了一个字符"/"。

但是,XML 语言与 HTML 语言不同(HTML 语言有一组有限的标签,主要对可视化文件进行表述),XML 是一种元语言,它可定义新的标签来隔离所有想要排列、通信或显示的基本信息。图 7.13 所示的源代码是一个利用 MODS 格式处理图书列表的文本实例[MOD 09](MODS 格式是一种非标准的 XML 语言)。

```
<?xml version = "1.0" encoding = "UTF - 8"?>
<!— The above line constitutes a prologue —>
<!— This tag defines a comment —>
<!— The following tag defines the document root —>
< modsCollection xmlns = " http://www. loc. gov/mods/v3">
  < mods >
    < titleInfo >
    < title > Hypertext Markup Language － 2.0 </title>
    </titleInfo>
  < name type = "personal">
    < namePart type = "given">T.</namePart>
    < namePart type = "family">Berners － Lee </namePart>
    < role >
      < roleTerm authority = "marcrelator" type = "text">
          Author
      </roleTerm>
    </role>
  </name>
  < name type = "personal">
    < namePart type = "given">D.</namePart>
    < namePart type = "family">Connolly </namePart>
      < role >
      < roleTerm authority = "marcrelator" type = "text">
        Author
      </roleTerm>
    </role>
  </name>
```

图 7.13　描述文献目录的 XML 文件实例

---

① 　XML:可扩展标记语言(extensible markup language)。

```
< typeOfResource > text </typeOfResource >
< identifier type = "citekey"> HTML1866 </identifier >
</mods >
< mods >
< titleInfo >
  < title >
    Extensible Markup Language (XML) 1.0
  </title >
  </titleInfo >
< typeOfResource > text </typeOfResource >
< identifier type = "citekey"> XML08 </identifier >
</mods >
</modsCollection >
```

图 7.13 （续）

在这个 XML 语言的实例中，使用了一个称为"序"的特定标签作为开始，主要是对 XML 规范的版本（版本 1.0）及文本编码（UTF-8）进行说明，然后，利用一个标签去打开作为文本根元素的第一元素。该文件具有树状结构，该树由相互嵌套的元素（具有亲子关系的元素）及相互毗邻的元素组成。

序可以包含文档类型定义（document type definition，DTD），也可以添加处理指令，其中最常见的是样式表声明。样式表用于格式化显示，当没有 DTD 时，就用 .modsCollection 作为文档元素（document element）。XMLNS 属性可作为下一小节的说明被添加到指定的 XML Schema 中去。该示例中包含了两个 MODS 元素。在每一个元素中，可以看到这些元素及子元素（titleInfo、title、typeOfResource 和 identifier）。一些在元素起始位置的开始标签具有对元素进行完善的属性。例如，identifier 元素有一个 type 属性，该属性的值是字符串 citekey。

为了验证 XML 文档中数据的合法性，下一节中将介绍 XML 中各种类型的作用。

7.5.2 XML 文档结构的定义

有时，在编写 XML 文档时指定标签并设置权限属性是很必要的。例如，要想将所编写的该类型文档与其他的编程人员分享，就要设置这些属性。XML 文档结构可采用两种模式：DTD 或 XML Schema。

1. DTD

DTD 基于 SGML 标准［GOL 90］，但存在一些缺点：

（1）DTD 不是 XML 格式。因此需要用一个具体的工具来处理这类型的文件，而该工具与用于编辑 XML 文档的工具有所不同。

（2）DTD 不支持命名空间。实际上，这意味着它是不可能利用 DTD 在 XML 文档中引入标签的定义。

（3）数据类型十分有限。

2．XML Schema

XML Schema 在设计中可克服 DTD 中存在的不足，并在 DTD 的基础上增加了新的功能：

（1）引入了一种数据类型的新机制，该机制可管理布尔数、整数、时间间隔等数据类型，还可以从现有的类型中创建新的数据类型。

（2）具有继承的特点。一个元素可以继承另一个元素的内容和属性。

（3）Schema 支持差异化命名空间。这使得任何 XML 文档可以使用在任意 Schema 中定义的标签。

（4）元素出现次数指示符可以是非负数（在 DTD 中，它被限制为 0、1 或无穷大）。

（5）Schema 可以采用模块化的方式进行设计。

XML Schema 是一种 XML 文档，可以像处理其他任何 XML 文件一样来处理 Schema，尤其要附上一个样式表（stylesheet）时，也可以基于其中的注释及解释从 Schema 自动创建一个文档。

Schema 也可以分成几个部分，每个部分负责精确定义 Schema 的一个特定子域。使用元素 xsd：include，可以在一个 XML Scheme 内包含多个 Schema，这样可以将 Schema 进行模块化，并可轻松地从现有 Schema 中导入部分内容，或在基本 Schema 之外创建其他内容。

以下各节将致力于 Web 服务的描述和实现。

7.5.3　Web 服务

随着 XML 语言的发展，基于 Web 技术出现了一种新型的分布式应用体系，由此产生了 Web 服务（Web services）的概念。W3C 将其定义为 Web 服务，是一种分布式软件系统，支持在不同机器间进行互操作，由于大多数机器广泛使用了互联网标准，因此这些机器可以实现互操作。Web 服务具有易于理解的标准化格式的机器接口（主要应用 7.5.4 节中介绍的 WSDL[①]），其他系统使用 SOAP 消息（在 7.5.6 节中介绍）或 XML- RPC[②]［WIN 99］与 Web 服务进行交互，这些系统通常基于 HTTP 来构建。HTTP（其他 Internet 协议也可以使用）具有被广泛采用的优点，并受到防火墙组织的密切关注，该协议的数据编码就是在 XML 文档中完成的。

在开发过程中，对于 Web 服务重要的一点是编程语言与标准完全相互独立。Web 服务对不同编程语言的支持没有具体规定，因此，如果标准各不相同，每个技术方案供应商可任意提出不同的编程模式，从而就不能对从特定编程语言生成的消息进行归一化，相反，在 CORBA 中发生的情况就不同。结果，应用程序被设计成一套商业服务，因此不管使用该技术的应用程序是什么，每个服务都只执行被明确界定并面向业务的具体任务。

---

① WSDL：Web 服务的描述语言（Web service description language）。

② XML-RPC：XML 远程过程调用（XML remote procedure call）。

另一种方法在 Web 服务领域取得了显著成就，即 REST[1]方法[FIE 00]。这种方法对分布式应用程序设计了一种特殊的架构风格，并特别适用于 Web 服务的情况。在这个领域中出现了大量的标准，但在这里就不赘述了。在实践中，所谓的 RESTful Web 服务是直接基于 HTTP 协议的，每一个操作都与一个不同的 URL 相关联，并用 XML 或 JSON[2][CRO 06]对消息进行编码，这样会使应用实现更加简单，这个应用不需要特殊的硬件设备，因此许多在线服务更喜欢采用这种方法。

随着实现技术的简单化及描述与通信机制的标准化，Web 服务可以应用于公司间的往来中，许多在线服务（有偿或无偿）可以在不同的应用中使用。一个很好的例子便是 GoogleMap 服务[GMA 09]，这一服务经常在许多使用地理位置的应用程序中使用，如在 WiFi 接入点应用程序中使用。

在下面几节中，将介绍 Web 服务领域的一些关键技术，从 Web 服务的描述，到在网络（目录）定位工具及在 SOAP 协议中所使用的通信机制，都会进行介绍。

7.5.4 Web 服务描述语言：WSDL

Web 服务可以利用标准机制定义的接口进行访问。在许多情况下，可利用 XML 中特有的 WSDL[CHI 07]语言来描述 Web 服务。WSDL 语言主要针对 Web 服务的功能进行描述，而其他语言则可以更进一步对 Web 服务的行为进行描述（如 BPEL[JOR 06]、WS-CDL[KAV 04]、WS-* 规范等）。

WSDL 语言是建立在 XML 格式的基础上，并用来描述所支持的数据类型和 Web 服务提供的功能。WSDL 描述语言是独立于平台和编程语言的，它与 CORBA 中 IDL 语言的作用相同（参见第 7.3 节第 1 部分）。

在 WSDL 中，Web 服务可用一组消息进行描述，可以通过接入点，即端口与它进行数据交换。一个完整的端口定义主要包括：

(1) 端口类型（port type）。通信接口的抽象描述可以用端口所支持的操作集合（特别是它们的签名）来表示，同时也包括由服务所使用的及由服务所产生的消息进行的定义。

(2) 关联（绑定，binding）。提供了用于与服务交换信息的协议指示（如 HTTP 中的 SOAP），同时也包括底层通信协议支持的接口信息和消息类型之间的关联。

(3) 用于对接入点进行定位的网址。

其结果可表示为图 7.14 文档中提出的结构。

元素 portType 的定义通常与 Web 服务自身的定义相适应，它用于描述可被执行的操作及被交换的消息。在该定义中，可以获得已经在 CORBA 的 IDL 中进行说明了的接口（portType）和方法（操作）的概念。WSDL 定义了 4 种主要的操作类型。

---

① REST：具象状态传输（representation state transfer）。

② JSON：JavaScript 对象表示法（JavaScript object notation）。

```
<?xml version = "1.0"?>
<definitions>
<types>
…
</types>
…
<message>
…
</message>
…
<portType>
…
</portType>
…
<binding>
…
</binding>
…
<service>
…
</service>
</definitions>
```

图 7.14   WSDL 文档的结构

(1) 请求响应(request-response)。服务端点接收请求消息,然后发送响应消息。

(2) 单向(one-way)。服务端只接收消息,但不做出回答。

(3) 要求应答(solicit-response)。服务访问端发送要求消息,然后等待应答消息。

(4) 通知(notification)。服务访问端点发送通知消息,而无须等待回复。

在实践中,WSDL 定义的关联(绑定)操作仅适用于请求响应和单向操作。图 7.15 中的文档给出了这两种操作类型的定义。

```
<portType name = " portTypeName">
        <operation name = "operationl Way">
            <input name = "requete" message = "
                tns:MessageInput"/>
        </operation>
        <operation name = "operationReqResp">
            <input name = "requete" message = "
                tns:MessageInput"/>
            <output name = "reponse" message = "
                tns:MessageOutput"/>
            <fault name = "exception" message = "
                tns:MessageException"/>
        </operation>
</portType>
```

图 7.15   Port 定义的例子

一旦定义了端口类型(port type)，就可以如图 7.16 所示在通信协议中建立一个关联。

```
< binding name = "lienSOAP" type = "portTypeName">
    < soap:binding style = "rpc" transport = "http://
        schemas. xmlsoap. org/soap/http"/>
    < operation name = "operationReqResp">
        < soap:operation soapAction = "http://monservice.
            com/operationReqResp"/>
        < input >< soap:body use = "literal"/></input >
        < output >< soap:body use = "literal"/></output >
        < fault >< soap:fault use = "literal"/></fault >
    </operation >
</binding >
```

图 7.16　关联定义的实例

7.5.5　Web 服务的定位

除了对 Web 服务进行描述外，就像 CORBA 系统中进行的普通操作一样，在网络上发现及定位可用的 Web 服务也是非常重要的。为此，2001 年，在 OASIS[①] 的主持下创建了 UDDI 标准[②][UDD 02]，定义了面向商业的 Web 服务目录(directory)，与容纳它们的平台相互独立。从简单的标识信息及位置信息，到发行的技术数据，甚至对服务本身的 WSDL 描述，这些不同类型的信息都可以存储到服务目录。然而，作为 Web 服务的唯一描述标准，UDDI 不一定非要连接 WSDL 使用。该标准定义了一种特别的信息格式(tModel)，并在 UDDI 服务目录中提供了一组用于开发信息的规范，这就可以完成以下工作：

(1) 在专用的文件夹(UBI，通用商务登记)中公布已注册服务的描述(其 WSDL 描述)。

(2) 按目录的关键词提交请求。

(3) 浏览这些请求所得到的描述，如图 7.17 所示。

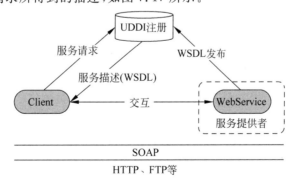

图 7.17　Web 服务的架构

---

① OASIS：结构化信息标准推进组织(Organization for the Advancement of Structured Information Standard)。

② UDDI Standard：UDDI 标准(Universal Description Discovery and Integration)。

目录服务在 WSDL 格式中具有标准化的描述,该服务可以通过 SOAP 协议进行调用。

然而,这种解决方案最初是由市场的主要参与者(IBM、BEA、Microsoft 等)支持,目前主要与互联网上的搜索引擎及许多组织中现存的目录(Active Directory、LDAP 等)相竞争。因此,现在只有少量的系统能有效地支持这种解决方案。

7.5.6　SOAP

SOAP 是在 Web 服务中常用的通信协议,它产生于远程调用机制的标准化工作,特别是 XML-RPC［WIN 99］［RHO 09］。该协议忽略了应用层面协议的实现细节,采用 HTTP(最常见)或 SMTP 等其他协议来执行。因此,SOAP 提供了 Web 服务可以建立的通信服务。SOAP 定义了以下几方面的内容:

(1) SOAP 编码规则(encoding rules)。对应用程序定义的数据类型,采用一套编码规则对消息及数据进行编码。

(2) SOAP RPC 表示(RPC representation)。它定义了一种方法,用于与其他应用协议进行交换信息。

(3) SOAP 封装(envelope)。在封装内包含了消息的内容、操作名称的编码、处理不同消息的实体,以及消息的可选性等,如图 7.18 所示。

SOAP 定义了消息的标准结构,其中,信息的内容和与消息交换相关的元数据(metadata)相分离。SOAP 消息由两部分组成:

(1) SOAP Header 元素,指明消息的主题,包括对发件人(sender)的描述及将信息传送给接收者(receiver)的路由信息。

(2) SOAP Body 元素,主要包括任意文档、由具有输入参数值的接收者服务提供操作的调用、作为调用结果而产生的值、错误信息。

与 HTTP 和 XML 已有功能相比较,由于 SOAP 增加的功能有限而被诟病。此外,当将多个操作结合到同一个 URL 时(即所谓的多路复用),SOAP 很难利用与 HTTP 相连的高速缓存管理基础设施,但这确是 SOAP 的一个重要特征。XML 也常被诟病的重要原因是其交换信息的方法很复杂。然而,由于 SOAP 是将对象封装起来,因此可以直接以二进制进行编码,从而可有效改善性能。最后,由于 SOAP 是底层通信协议的抽象,特别是 HTTP 的底层通信协议,使得利用 SOAP 时,就不可能知道具体使用了何种 HTTP 协议传输数据,这会造成效率降低或安全性问题。

与直接使用 HTTP 相比,SOAP 的附加值较低,因此许多在线服务更倾向于 REST 方法。

近年来,由于在互联网上分布式应用开发的选择方案的需求,因此孕育而生了 Web 服务。许多供应商提供完整的解决方案,而且在该领域也保持了强劲的势头,因而也能预见到在物联网领域这些解决方案将会受到追捧。

```
POST/MonService HTTP/1.1
Host: www.monservice.com
Content - Type: text/xml; charset = "utf - 8"
Content - Length: nnnn
SOAPAction: "MonAction - URI"
< SOAP - ENV:Envelope
   xmlns:SOAP - ENV = "http://schemas.xmlsoap.org/soap /
          envelope/"
   SOAP - ENV:encodingStyle = "http://schemas.xmlsoap.org/
          soap/encoding/">
     < SOAP - ENV:Header >
       < MessageID
           xmlns = "http://schemas.xmlsoap.org/ws/2003/03/
               adressing">
             proto://DefinitiondunmessageID
       </MessageID >
       < ReplyTo xmlns = "http://schemas. xmlsoap.org/ws
             /2003/03/adressing">
           < Address >
           http://adressepourlareponse.com
           </Address >
       </replyTo >
     </SOAP - ENV:Header >
     < SOAP - ENV:Body >
           < m:MonAction xmlns:m = "MonAction - URI">
             < symbol > DIS </symbol >
           </m:MonAction >
     </SOAP - ENV:Body >
</SOAP - ENV:Envelope >
```

图 7.18　HTTP 请求中的 SOAP 消息实例

7.6　物联网中间件

物联网应用存在内在的分布式情况,表现为分布在不同地域的标签和读写器,标签与读写器可能彼此远离,也可能与企业的信息系统相距甚远。

在本章中所提到的很多概念都考虑了处于分布式应用实体中的中间件通信载体。但现如今,这个方法通常是通过服务于组织企业的信息系统的单元来完成。在这个框架中,数据结构、信息流的管理及其过程与通信机制同样重要。

因此,非常需要能有一个完整的中间体系结构。借助于该中间件体系,一方面,RFID标签之间可以实现通信,另一方面,也可实现用户之间的通信(人或软件)。中间件体系除了涉及通信,还涉及数据结构、数据交换及数据的处理,以便以最佳途径将它们集成到企业信息系统中,并使其能够优化它们的管理。

正如本章前面已经提到的,在这里给出两种重要的方法,可以提供互补的解决方案,用于支持分布式应用组件之间的通信。

第 1 种方法称为面向服务(service-oriented)的中间件。在该方法中,主要考虑到对象(主要指物品,尤其是其 RFID 标签)将为组件提供信息,而组件为对象自身、其他对象、操作人员或其他应用提供服务。这些服务可以在目录中注册,可被对象或应用发现或搜索到。这些解决方案根据用户的业务逻辑,专注于构建信息系统的数据分析和处理功能,我们也会在该领域提出各种建议。这种方法称为面向服务的架构(SOA,service oriented architecture),是目前非常流行的企业信息系统的设计方法,第 9 章中也会看到,很多解决方案都是基于这些原理提出的。

第 2 种方法称为面向数据(data-oriented)的中间件,即将对象和植入对象内的 RFID 标签按两种不同的方法进行处理:

(1) 将对象看作一个分布式传感器,其内包含的信息组成了一个分布式数据库,数据库内的信息会瞬时变化。

(2) 将对象看作一个存储单元,该存储单元构成的分布式元组空间具有数千字节的存储量,由成百上千个被动式标签或一些先进的设备组成。

在物联网不同应用的解决方案中,对应于第 2 种方法,提出了元素的概念。

7.6.1　面向服务的中间件

面向服务的中间件主要关注组件的整合,以便能够在某一应用中执行特定的功能(参见[MIC 08])。从这一点上看,这种做法与前面所谈到的分布式对象非常类似。服务的概念重用了通过接口将提供的服务暴露的原则,但它在包括契约的概念和组合等方面与面向对象的方法不同,这两者均借鉴于组件系统。最后,服务的概念通常对附加在企业信息系统结构中的业务逻辑的组件功能进行描述。

这些概念在 Web 服务中已广泛普及(参见 7.5.3 节),但是,服务可以是一个商业组件,也可以是一种技术功能的建立(因为它往往是在诸如 OSGi 之类的平台上实现的,参见 8.3.1 节)。

面向服务的中间件通常将高层次的业务服务进行细分,因此,面向服务方法中被称为"订单管理"的业务功能被细分为下列子服务:"创建订单"、"装配被订购的产品"、"装货单"、"计费"、"取消订单的修改"等,这些子服务将被链接起来,在被系统接收的事件序列中,用以描述几个不同工作流的功能。

由于面向服务的中间件与分布式对象的架构及组件非常相似,因此本节将基于面向服务的架构,主要介绍系统的编程模式,而不是基于前面章节所介绍的组件间通信的概念。然而,必须注意的是,面向服务的解决方案不一定能推断出应用是分布式的,因为有时分布式应用不是通常定义的真正的中间件。

因此,构建信息系统是基于数据处理和分析,这被视为功能性的服务,中间件旨在优化服务流程,以便提取与用户企业商业行为相关的信息。

服务是一种由合同定义的行为(代表一个处理)，在合同专用基础上，合同可以由某一组件来执行并提供，而这一组件又被其他组件所使用。一般情况下，可通过一个或多个接口对服务进行访问，接口描述了客户端和服务提供者之间的交互，通过提供一个可被调用的底层操作来对这种交互进行定义。从操作的角度来看，定义了用于执行服务的操作和数据结构，并对后续的基本操作也是有效的。服务之间采用松散的耦合，也就是说，从外部来看服务的建立仅依赖于它所提供和使用的合同。为了加强这种松散的耦合，提供的服务需要包括两类接口：

(1) 所需要的接口(客户端)。

(2) 所提供的接口(服务提供方)。

合同规定了接口间的兼容性。除了接口，对于其他部分而言，每个部分均是黑匣子(封装原则)。这样，只要代替物遵循合同(兼容的)，客户端或供应者就可以被取代。接口的兼容性可以通过编辑数据流的媒介来执行。与技术组件不同，服务是唯一的，而且没有多个实例，服务可以本地化，从功能的角度来看，服务粒度通常比一个技术组件提供的服务要宽泛。

在物联网中，该类型中间件支持的操作包括：

(1) 将原始事件直接从 RFID 读写器转变成应用程序事件，这些应用程序事件已标准化，并可从网络上直接访问。

(2) 集成并过滤数据，尤其是应用程序事件本身。

(3) 与其他商业应用进行交换。

针对企业的信息服务演变和转型问题，特别是对组织间的交流，面向服务的架构一直专注于灵活性和适应性的研究。在物联网中，尤其是物流应用时，找到将 RFID 标签集成到信息系统的方法，也就找到了协调全球供应链中各个组织间的相互作用影响的方法。因此，在第 9 章提到的多种解决方案均是基于面向服务的体系结构。

7.6.2　面向数据的中间件

面向数据的中间件的提出主要是考虑到将 RFID 标签与对象结合在一起，作为储存数据或产生数据的记忆单元。在这种情况下，中间件将 RFID 标签看作一种分布式数据库的元素，尽力实现对数据的访问，并向分布式数据库提供有效的询问方式。下面将先介绍基于元组空间的概念提出的中间件，再介绍基于采用嵌入式系统(传感器网络、智能卡等)的分布式数据库提出的中间件。

1. 基于元组空间的中间件

这是一种用于并行或分布式计算的关联存储器的实现，它提供了一个可以同时访问的元组仓库。因此，如果一组处理器产生数据块，而另一组处理器使用这些信息，则数据产生方会将其产生的数据作为共享空间的元组发布，使用数据的客户也能按照一定的规则发现这些数据，这即是所谓的黑板隐喻(blackboard metaphor)。

20 世纪 80 年代中期，耶鲁大学一直强调这一模式。这是协同语言 LINDA [CAR 89] 的基础，这种协同语言是基于分布式数据结构提出了一种并行计算的通用模型。元组空间是一种共享的数据空间。

由于是同步性问题，LINDA 语言涉及运行彼此不知道对方的分布式程序，并使用共享内存。该操作包括向元组空间读取、删除和写入数据。

如今，使用元组空间的主要是 JavaSpaces［FRE 99］，而 JavaSpaces 包括在 JINI 技术［JIN 09］（发现、查找服务、事件和交互的概念）内。事实上，JavaSpaces 是 LINDA 元组的 Java 对象版本（继承、方法等）。JavaSpaces 也许会产生一个对简单输入（成员平等、继承等）响应的通知，这些输入通过合同概念格式化了。JavaSpaces 提出了分布式系统持久性和数据交换的机制，基于对象间的相互移动而非基于远程调用，使分布式算法得以实现，这大大简化了分布式系统的设计。JavaSpaces 包含了与 Java 类所对应的实体。

从物联网的角度来看，元组空间的概念很有趣，因为面向数据的中间件中有一个共享的内存空间，用于存储通过 RFID 读取器而获得的所有数据。这个空间可以是唯一的，因此每个节点可以连接到这个空间上，这将加重空间的负荷；另外，内存空间也可在每个节点上进行复制，从而可承受更多的负载，但这样却很难维持管理的一致性。用一个共享空间来对应 RFID 应用的主要需求，这是智能型的数据存储。这种模式可抽象信息收集操作，定义过滤，并通过访问共享空间整合信息操作。

第 9 章中将介绍一些利用这种模式解决相关问题的实例，特别是那些基于 JINI 技术的实例。

2. 嵌入式数据库

将系统看作一个分布式数据库是另外一种组织分布式应用的面向数据的方法，通过前面所介绍的基于元组空间的模型可知，这个思想的主旨是创造一个分布式数据空间，可以使用经典信息系统所定义的请求进行询问。从全球请求定义的角度来看，对于任何一种想在数据上执行的应用过程（分析、聚合、匹配、关联等），中间件将自动派生出一组分布式局部处理（获取或读取数据的局部处理）、通信方式（通信网络、数据交换结构等）及为了满足全球需求而发送到网络上的信息流。许多限制因素（消耗内存的单元、能源消耗、性能、可靠性等）也被整合，用于优化网络的运营。

这种方法已在基于传感器网络的应用程序部署中取得了显著成就。目前，这种方法已扩展到 RFID 标签上。如果在主动式标签中植入一个温度传感器，可以采取与处理传感器网络相类似的方法去处理该问题。对于具有小信息存储量的被动式或主动式标签，则可以将每一个标签看作一个数据库的信息单元。由于标签并不总是处于工作状况，因此从现在开始，中间件必须将重点放在对信息采集和写入过程的分配上来，因为标签并不总是可用的（标签处于读取器之前）。在 9.5 节会介绍在这一领域所做的一些工作。

在嵌入式系统中，这种将信息通信和数据结构整合在一起的中间件已经大获成功，并已成功应用到传感器网络和智能卡领域。考虑到嵌入式系统的具体问题，使得这些技术特别适于 RFID 标签的使用，可以为 RFID 在新领域上进行应用开辟广阔的前景。

7.7　结论

中间件在分布式应用程序开发中起着关键的作用，物联网的应用也类似。现在许多采用基于 RFID 技术应用获得了成功，都是基于不同组织的不同信息系统之间的合作和互操作性，特别是那些被 EPCglobal 公司所强调的应用表现得尤为突出，物流行业是最为成功的应用例子。为了便于合作及互操作，在下一章将介绍最近在标准化方面所取得的进展。

7.8　参考文献

［BES 87］BESAW L. , Berkeley UNIX System Calls and Interprocess Communication, 1987.

［BIR 84］BIRRELL A. , NELSON B. , "Implementing Remote Procedure Calls", ACM Transactions on Computer Systems, vol. 2, no. 1, p. 39-59, January. 1984.

［BLA 01］BLAIR G. , COULSON G. , ANDERSEN A. , BLAIR L. , CLARKE M. , COSTA F. , DURAN-LIMON H. , FITZPATRICK T. , JOHNSTON L. , MOREIRA R. , PARLAVANTZAS N. , SAIKOSKI K. , "The Design and Implementation of Open ORB v2", IEEE DS Online, Special Issue on Reflective Middleware, vol. 2, no. 6, 2001.

［BRO 97］BROSE G. , "JacORB: Implementation and Design of a Java ORB", Proceedings of DAIS'97, IFIP WG 6. 1 International Working Conference on Distributed Applications and Interoperable Systems, Cottbus, Germany, 1997.

［CAR 89］CARRIERO N. , GELERNTER D. , "Linda in context", Commun. ACM, vol. 32, no. 4, p. 444-458, ACM, 1989.

［CHI 07］CHINNICI R. , MOREAU J. -J. , RYMAN A. , WEERAWARANA S. , Web Services Description Language(WSDL) Version 2. 0 Part 1: Core Language, W3C Recommendation, June 2007, http://www. w3. org/TR/wsdl20/.

［CRO 06］CROCKFORD D. , The application/json Media Type for JavaScript Object Notation (JSON), IETF-RFC, June 2006, http://www. ietf. org/rfc/rfc4627. txt.

［FIE 99］FIELDING R. , IRVINE U. , GETTYS J. , MOGUL J. , FRYSTYK H. , MASINTER L. , LEACH P. , BERNERS-LEE T. , Hypertext Transfer Protocol - HTTP/1. 1, IETF - RFC, 1999. http://www. ietf. org/rfc/rfc2616. txt.

［FIE 00］FIELDING R. , Architectural Styles and the Design of Network-based Software Architectures, PhD thesis, University of Califormia, Irvine, USA, 2000.

［FRE 99］FREEMAN E. , HUPFER S. , ARNOLD K. , JavaSpaces Principles, Patterns, and Practice, Addison-Wesley Professional, June 1999.

［GMA 09］Google Maps API Concepts, Google Code Documentation, 2009, http://code. google. com/apis/maps/documentation/.

［GOL 90］GOLDFARD C. -F. , The SGML Handbook, Oxford Clarendon Press, 1990.

［ION 05］IONA Technologies PLC, "Orbacus Technical Review", 2005.

［JIN 09］Jini Specifications and API, Sun Microsystems-Product, 2009, http://java. sun. com /products /jini/.

[JOR 06] JORDAN D. ,EVDEMON J. , ALVES A. ,ARKIN A. ,ASKARY S. ,BLOCH B. ,CURBERA F. ,FORD M. , GOLAND Y. ,GUIZAR A. ,KARTHA N. , LIU C. K. ,KHALAF R. , KÖNIG D. , MARIN M. , MEHTA V. , THATTE S. , VAN DER RIJN D. , YENDLURI P. , YIU A. , Web Services Business Process Execution Language Version 2. 0. , Public Review Draft,23th August,2006, http://docs. oasis-open. org/wsbpel/v2. 0/.

[KAV 04] KAVANTZAS N. , BURDETT D. , RITZINGER G. , FLETCHER T. , LAFON Y. , Web Services Choreography Description Language Version 1. 0, W3C Working Draft, December 2004 , http://www. w3. org/TR/2004/WD-ws-cdl-10-20041217/.

[KRA 08] KRAKOW IAK S. ,COUPAYE T. ,QUÉMA V. ,SEINTURIER L. ,STEFANI J. -B. ,DUMAS M. ,FAUVET M. -C. , DÉCHAMBOUX P. , RIVEILL M. , BEUGNARD A. , EMSELLEM D. , DONSEZ D. ,"Intergiciel et Construction d' Applications Réparties",http://sardes. inrialpes. fr/ecole/ livre/pub/main. pdf,juin 2008.

[MIC 08]MICHAEL B. , Introduction to Service-Oriented Modeling. Service-Oriented Modeling: Service Analysis,Design,and Architecture. ,John Wiley & Sons,2008.

[MIC 96] Microsoft Corp. ,DCOM Technical Overview,MSDN Library Specification,1996.

[MIC 09]Microsoft Corp. ,Microsoft. NET Framework,2009,http://www. microsoft. com/net.

[MOD 09]The Library of Congress,Metadata Object Description Schema,2009, http://www. loc. gov/ standards/mods/.

[NOV 09] Novell Inc. ,Mono 2. 4,2009,http://www. mono-project. com.

[OMG 04] Common Object Request Broker Architecture (CORBA/IIOP)-version 3. 0,Object Management Group,formal document,01,2004.

[PUD 00] PUDER A. ,RÖMER K. ,MICO: An Open Source CORBA Implementation,KAUFMANN M. (ed.),2000.

[RHO 09] RHODES K. ,"XML-RPC vs. SOAP",Webpage,September 2009,http://weblog. masukomi. org/writings/xml-rpc_vs_soap. htm.

[SUN 04] Sun Microsystems-JSR Java Remote Method Invocation Specification-rev. 1. 1. 10,2004.

[UDD 02] UDDI Standard set,OASIS Consortium,2002,http://www. oasis-open. org/specs/index. php # uddiv2.

[WIN 99] WINER D. ,XML-RPC Specification,UserLand Software,Inc,1999,http://www. xmlrpc. com/ spec.

[XML 08] W3C Consortium,Extensible Markup Language (XML) 1. 0,5th edition,2008,http://www. w3. org/TR/REC-xml.

第 8 章

物联网中间件的标准

随着 Auto-ID 实验室工作的展开,EPCglobal 联盟提供一个成熟的进程让人们来理解物联网的概念,从而激发了一系列标准的产生。许多从事该行业的人员非常重视标准的建立,因为标准的建立能保证各种应用之间的互操作性及持久性问题。因此,本章将介绍目前一些物联网领域内最常用的标准。

从中间件的角度来看,前面的章节重点介绍了一些概念以及为标准化的实现所做的努力(CORBA、XML、Web 服务等)。本章旨在对不同标准进行详尽描述,研究不同解决方案中普遍使用的规范,并将在第 9 章中做进一步的研究。

几年来,企业信息系统领域一直是众多标准化研究的主题,其原因是多方面的。由于企业信息系统经常需要相互联系,因此需要对 B2B(business to business)问题进行研究,即需要考虑客户端与信息提供者之间的信息传输问题。此外,在一个有效商业信息系统中,不同商业应用的集成需要设计方法和应用程序间交流的标准化,以促进这些日益复杂的系统的开发和维护。在此背景下,将在本章中介绍那些只存在于不同拟议方案中的标准,而这些标准则用于设计和集成基于 RFID 标签的应用。

本章首先简单总结了由 EPCglobal 联盟提出的物联网中间件的设计标准,然后讨论了基于 JMS 标准的面向消息的中间件的提议标准,最后介绍了面向服务的中间件的标准。

8.1　EPCglobal 应用环境

在第 6 章中已经对 EPCglobal 标准进行了详细的研究。本章的主要目的是简单回顾 EPCglobal 标准的基本特征,因为它们将直接影响到基于这些标准的中间件的设计。

从中间件的角度来看,EPCglobal 标准提出了很多标准,简述如下。

(1) 数据收集和过滤接口。ALE 将来自于应用事件中 RFID 读写器的原始数据进行"实时"转换,这种处理操作适用于当标签存储量非常大的情况。ALE 为一个或多个客户端应用提供了从一个或多个数据源中获得 EPC 数据的方法,而这些数据源已经将客户端应用

本章由 Yann IAGOLNITZER、Patrice KRZANIK 和 Jean-Ferdinand SUSINI 编写。

和底层硬件分开。数据组装成逻辑单元——事件,但这忽略存在一个或多个读写器的事实,而且采用了一个或多个天线来产生信息。这种方案也忽视了如何采用设备来形成单一逻辑数据源的事实。ALE 规范在客户端应用中以声明的方式对 EPC 数据处理类型进行了规定(过滤、聚合、分组、计数、微分分析等),并定义了事件传递的两种模式:准时或周期性传递。ALE 标准允许不同客户端间共享数据。从这个角度来看,它更是一个以数据为中心的中间件的方法。

(2) 捕获事件的应用程序。EPCIS 可接受并存储来自于 ALE 的输入应用程序事件,然后再进行后续处理(历史、分析等)。这些事件由管理商业逻辑的应用程序进行处理,并可传递 EPCIS 数据(这些数据由应用程序存储,并/或者传递给其他 EPCIS 客户端)。该应用程序在协调多个数据源的同时,也能独立识别每个 EPCIS 数据。数据源包括由 ALE 滤过和收集的 EPC 数据,以及通过其他诸如条形码扫描设备收集的数据、人力输入的数据,或者其他软件系统收集的数据。最后,EPCIS 应用程序可以激发物理环境中的操作,包括写入(定制)标签和控制其他设备。

由 XML 语言构成的 PML 文件可以收集文件中有关 RFID 标签的所有信息。然后商业应用程序可以使用文件中包含的数据来进行商业处理。

资源位置也可以使用以 URI 形式存储在 RFID 标签中的 EPC 数据转换机制进行标准化,之后该位置信息会被传递到 ONS 服务器上,从而能够对 EPCIS 应用程序进行定位,这些 EPCIS 应用程序会对与标签相关联的 PML 文档进行管理。

最后,EPC 标准描述了认证程序,以确保 EPC 网络中不同实体之间的变换。

这些标准对面向数据(ALE)和面向服务(EPCIS)的关系均适用,所有的标准都旨在促进所有公司的不同信息系统具有互操作性,使这些公司都能加入到 EPC 网络中来,并分享他们使用对象的相关信息,尤其是存储在 RFID 标签中的信息。这在诸如经常作为实例的物流应用程序中是十分必要的。这时,数据存取的安全性就变得十分重要了。

8.2　面向消息的中间件

异步消息传输是一种简单有效的通信模式,旨在构建一个基于消息交换的中间件,可以在分布式应用程序的不同部件之间进行数据交换。这种技术已经证实了它的价值,并且该领域的众多商业工具都是基于这种标准的(MMS、JMS 等)。市场上有多个消息中间件:商业的消息中间件如 IBM 公司的 MQ 系列(现在称 Websphere MQ,目前使用的版本为 6.0)以及微软公司的 MSMQ,免费的消息中间件和 Open Source 软件如太阳微系统公司的 Java 消息服务(Java Messaging Service,JMS),杰罗尼莫集团的 Apache ActiveMQ、JORAM,或者开放型 JMS,以及第一个能与 JMS Open Source 兼容的 MOM。

本节将介绍这些解决方案,尤其是那些建立在两个主要标准之间的消息传递问题:Java 世界的 JMS 和 Jabber/XMPP,它是 IETF 标准的主题,将应用程序范围延伸到了 Java 世界之外。

8.2.1 面向消息的中间件简介

服务器软件能将应用程序间的消息发送和接收联合起来,以给客户提供点对点的通信服务,如图8.1所示。消息通信是一种异步通信机制,广泛应用于服务器间的通信,尤其是将数据和应用程序在一个更加全球化的系统(EAI、Enterprise Service Bus-ESB 等)中进行集成时。这种机制也可用于数据仓库的实现,实现银行间的消息传递(如 AMQ),以及更为通用的信息传递系统中。

图 8.1 点对点通信模型:生产者—消费者

消息通信经常和联合命名系统相联系,在这个系统中,收件人也被认为是消息中的一部分,这是如今常用的发布—订阅模式的基础,如图8.2所示。

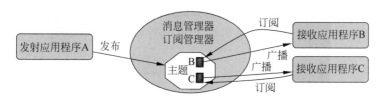

图 8.2 多点通信模型:发布—订阅

基于消息发送的异步通信系统对于管理松散耦合系统间的互操作似乎尤为适合(相对于客户端—服务器的经典模型)。松散耦合可以是空间的(实体间的地理距离)或者时间的(由于移动或者故障而暂时断开)。异步通信模型考虑到了不同通信实体间的独立性。

MOM 十分流行,因为它们是实现以下应用程序的技术基础:

(1) 数据集成和应用集成(EAI、B2B、ESB 等)。

(2) 普适系统和移动应用。

(3) 网络设备的监测与控制。

主要概念有:

(1) 通信实体是解耦的。消息的传递(产生)是非阻塞操作。发射机(生产者)和接收器(消费者)之间不直接通信,但是他们却使用同一个中间通信对象(邮箱)。

(2) 提供了两种通信模型,即由单一收件人接收消息的点对点模型和由多个收件人接收消息的多点模型(团体通信)。

与客户端—服务器系统如 CORBA [OMG 09]系统相反的是,异步通信系统因标准的缺失而发展迟缓。无论在编程还是实现方面,这些标准在很长的一段时间内都是专有的。在 20 世纪 90 年代后期,Java 世界中 JMS 标准的出现部分解决了这一障碍。该标准定义了一个程序设计模型以及对应的 API,但是到目前为止,还没有一个标准是专门为中间件或互操作机制制定的,正如 CORBA 中的 IIOP 协议一样。

8.2.2　Java 消息服务（JMS）

JMS 是一种编程接口,它为发送和接收应用程序或者 Java 部件间的异步消息指定消息服务类型。JMS 实现了 MOM 型的架构。在点对点传递模型中,消息是以同步方式接收的。

1. 架构

如图 8.3 所示,一个 JMS 应用程序包括以下部分:

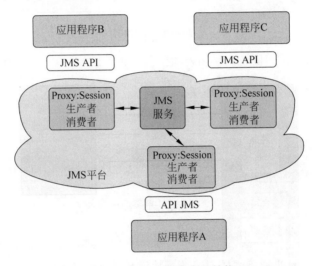

图 8.3　JMS 应用程序的结构

（1）消息(message)。消息是可以在不同 JMS 消费者(customer)之间进行信息传递的对象。消息可以存在于结构化文本、Java 对象或者二进制格式等中。

（2）消息系统(JMS provider)。消息系统包括两个部分:基本服务——实现编程模型抽象、管理及控制特性;函数库——用于开发用户应用程序。

（3）JMS 客户端(client)。JMS Client 是由 Java 语言编写的程序,能根据 API JMS 指定的协议发送或接收消息。

JMS 规范提出了两种通信模式（消息域,message domain）:点对点通信和多点通信模式。

（1）点对点通信:基于能存储消息的队列,客户端（生产者,producer）向只能由一个消费者取出的特定队列发送消息。消费者可以明确提出消息的消耗或者通过一个监控程序预先登记。消息消费收据由系统产生,或者直接由消费者确认。消息在被消费完或者定时器到期之前一直存放在队列中。

（2）多点通信:采用发布/订阅模型。生产者客户端向预定对象（主题,topic）发送标有地址的消息,订阅这个主题的消费者就能收到相应的消息。消息(隐式/显式)的消费与点对点通信模式中一样。

JMS 的最新版本(JMS1.1)引入了 Destination 的概念,它既可以表示消息队列,也可以表示主题,能使客户端以同样的方式处理这两种通信模式。在两种通信模式中交互模式是可能的。除此之外,API 允许 QoS 选项来管理临时或永久订阅,并保证消息的传递。

2. 工作原理

JMS 标准定义了大量抽象的概念:

(1) ConnectionFactory。该对象为消息系统创建一个连接,可以被 JMS 客户端使用,包含配置设置。

(2) Connection。Connection 对象表示与消息系统间的活动连接,允许 JMS 客户端和系统进行交互,可以授权创建多个 session。最初,Connection 处于停止状态,仅在启动后才能接收消息。Connection 消费资源,当不再需要 Connection 时,需要将其关闭。

(3) Destination。为了建立两个 JMS 客户端之间的通信,Destination 对象为生产者提供消息的目标,而为消费者提供期望的消息源。这是点对点通信模型里面的队列消息,也是发布/订阅模型中的主题。Destination 将不同消息系统的地址格式封装起来。

(4) Session。在 Session 对象中,有能够发送和接收消息的文字信息(单线程)。

(5) MessageProducer。该对象由 Session 对象创建,用于向 Destination 对象发送消息。

(6) MessageConsumer。该对象也是由 Session 对象创建,并接收留在 Destination 对象中的消息。

表 8.1 给出了两种通信模型中对象的总结。

表 8.1　总结

接　　口	点对点通信	发布/订阅通信
ConnectionFactory	QueueConnectionFactory	TopicConnectionFactory
Connection	QueueConnection	TopicConnection
Session	QueueSession	TopicSession
MessageProducer	QueueSender	TopicPublisher
MessageConsumer	QueueReceiver	TopicSubscriber

JMS 客户端是按照以下方式工作的:

(1) 在 Directory 中使用 API JNDI(Java Naming and Directory Interface)搜索 ConnectionFactory 对象。

(2) 使用 ConnectionFactory 对象创建一个 Connection,并获得该 Connection 对象。

(3) 使用 Connection 对象创建一个或者更多的 JMS Session,并获得该 Session 对象。

(4) 在 Directory 中搜索一个或者多个 Destination 对象。

(5) 在 Session 对象以及 Destination 对象的帮助下,创建 MessageProducer 对象以及

MessageConsumer 对象来发送和接收消息。

① MessageProducer 对象及 MessageConsumer 对象的构建。客户端使用 MessageProducer 对象发送消息给 Destination 对象。该对象是将 Destination 对象看作一个参数,通过 Session 对象中的 CreateProducer 方法创建的。如果未指定目标,每条消息发送时必须通过 Destination 对象(作为 Send 方法中的参数)来进行。该发送模型中,由 MessageProducer 对象发送的所有消息的优先级及寿命可以由 Customer 来定义,或者对每条消息分别定义。MessageConsumer 对象允许客户端接收消息。通过调用 CreateConsumer 方法以及 Session 对象并将 Destination 对象设定为参数来创建 MessageConsumer 对象。可以增加一个消息选择器筛选消费的消息。在 JMS 中,有一个同步消费模型(客户端调用 Receive 方法和 MessageConsumer 对象来接收下一条消息,即 Pull 消费模式)以及异步消费模型(客户端注册一个优先级对象,用于在 MessageConsumer 对象中实现 MessageListener 类,当消息到达时,通过对该对象调用 onMessage 方法来发送消息,即 Push 消费模式)。

② Destination 对象和 Message 对象的创建。

③ 事务(Transaction)支持(允许创建接收和发射的事务组,这些事务可以是有效的,也可以是无效的)。

④ 接收和发送消息的调度。

⑤ 履行消息的管理。

JMS 消息包含三部分:Header(消息头,用于识别和路由)、Property(属性,标准可选字段,或特定应用程序,或者消息系统):Body(消息主体,JMS 定义了能与各种消息系统兼容的不同类型的消息主体)。

消息头包含以下字段:

(1) JMSDestination 包含消息的目标,随后是依据指定的 Destination 对象发送消息的方法。

(2) JMSDeliveryMode 指消息(永久或暂时)的发送模型,是根据定义参数发送消息的方法指定的。

(3) JMSMessageID 是一个标示符,能够以唯一的方式描述消息的特征。发送器发送消息之后可以检查它。

(4) JMSTimeStamp 表示消息系统审议消息时的时间。

(5) JMSReplyTo 与客户端可能发送回复的 Destination 相对应。

(6) JMSExpiration 是消息的当前时间和有效时间的总和(TTL)。到期未发送的消息将被销毁,而不会给出通知。

(7) JMSCorrelation、JMSPriority、JMSRedelivered、JMSType 等。

属性都具有 String 类型,可以取下列值:null、boolean byte、short、int、long、float、double、string。它们允许 Customer 根据标准选择消息。客户端可以使用一个字符串,通过 MessageConsumer 对象在接收器上设置筛选器,这个字符串的语法需符合 SQL 语言。

消息主体可以是下列中的一个:

（1）StreamMessage 包含一系列 Java 元语类型数值，是按顺序填充和读取。

（2）MapMessage 包括一组名称/取值对。

（3）TextMessage 包含一个字符串。

（4）ObjectMessage 包含一个"序列化"的 Java 对象（Java 对象的序列化机制）。

（5）BytesMessage 是由一系列的字节序列组成的。利用现有的应用程序，它被用来对兼容消息进行编码。

3. 结论

JMS 定义了用于生产者（producer）和消费者（customer）之间交换消息的协议，但对专有消息服务的实现不能提供任何指导。由于是基于 API 来访问消息服务的，JMS 应用程序被认为可以独立于特定的 JMS 平台，因此具有可移植性。然而，由于其管理函数是专有的，这种可移植性是受限制的。此外，不能保证位于不同平台上的两个 JMS 客户端之间的互操作性，因为两个平台的函数形式可能是不同的。在市场上已有支持该函数的 JMS 平台，如 ObjectWeb 解决方案中的 JORAM［OW2 09］，而这个解决方案在 9.6.2 节中会提及，并不能将其认为是执行 JMS 平台所必要的 JMS 函数，如配置、消息服务管理、安全性（消息的完整性和保密性）以及有关服务质量的一些参数，其中一些特性已经在市场现有的平台上出现并实施。

8.2.3　XMPP

XMPP（前身为 Jabber①）或者 Extensible Messaging 及 Presence Protocol 是即时消息的开放标准协议，由 Jeremie Miller 在 1999 年开发，随后几年由 Open Source Jabber 协会开发，在 2004 年被 IETF 国际标准组织批准。如图 8.4 所示，XMPP 协议基于客户端/服务器架构，使得在客户端间以开放 XML 格式的消息（即时或非即时）可以实现分散化交换。

XMPP 协议的一个优势在于它可以分为两个不同的部分。

1）基本协议

基本协议包含用于操作 Jabber 基础结构的基本概念，由下面的 RFC 标准进行定义：

（1）RFC 3920［SAI 04a］。这是 XMPP 的核心部分，使用两个 XML 流描述客户端/服务器消息。标签如下：＜presence/＞、＜message /＞ 和 ＜iq/＞（Info/Query）。连接使用 SASL（simple authentication and security layer）进行认证，并采用 TLS 加密（transport layer security）。

（2）RFC 3921［SAI 04b］。该 RFC 标准描述了使用 XMPP 即时消息的最常见应用程序。

（3）RFC 3922［SAI 04c］。描述了 XMPP 中常见的 CPIM（common presence and instance message）规范。

（4）RFC 3923［SAI 04d］。描述了使用 S/MIME 对 XMPP 消息进行端到端（end-to-end）的加密方法。

---

① Jabber 是基于 XMPP 协议的一个即时通信系统。

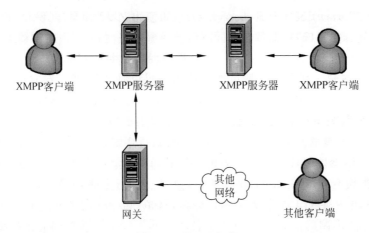

图 8.4　XMPP 架构

理论上讲,这样的基础结构不能正常运行,除非有一个关于这些协议的完整程序。

2) XEP 协议(XMPP 扩展协议)

该协议记录了原协议中的新特性。服务器或客户端不一定要采用这些扩展协议,因为它们可能会使两个用户间的一些功能失效。XEP [XMP 08],作为 XMPP XSF 标准基金会,原名为 Jabber JEP(Jabber enhancement proposal)的一部分,持续地被创建、修改或者改善。

1. 原则

XML 中,数据以小信息包的形式通过 Stanzas 进行编码,而这些 Stanzas 是通过客户端和服务器或者服务器和服务器间的 TCP 连接进行传输的。通信实体通过一个与邮箱地址相类似的语法格式被识别。XMPP,如 E-mail 电子邮件,通过与服务器间的连接进行操作,而每个服务器负责一个或多个区域。客户端将消息发送给服务器,服务器负责将消息传递给下一个服务器。除了经典的 user@domaine,地址(JID,Jabber Identifier)上可以在斜线后加上资源。Stream 是一个 XML<stream>元素,可以包含一个或多个 Stanzas。除了错误消息之外还有许多类型的 Stanzas。图 8.5 给出了一个交换的经典例子(C 代表客户端,S 代表服务器),该例子中使用了 Stanzas 消息类型。

```
c:   < message from = 'toto@example.com'
                to = 'titi@example.net'
                xml:lang = 'fr'>
        < body > An example </body >
     </message >
S:   < message from = 'titi@example.net'
                to = 'toto@example.com'
                xml:lang = 'fr'>
        < body > Answer to example </body >
     </message >
```

图 8.5　客户端和服务器间的 XMPP 交换实例

2. 安全性

XMPP 在协议层设有多种安全级别。它包含两个安全协议,一个是给通道加密的 TLS 协议(transport layer security),另一个是提供强大身份验证的 SASL(simple authentication and security layer)协议。安全协商分两个阶段进行,当协商成功后,会有一个开启的 Stream 进行 TLS 协商,一个新打开的 Stream 进行 SASL 协商。如果应用程序可以通过这两个步骤,它就可以打开 Stream 执行自身操作。

XMPP 中的身份比在其他系统如 E-mail 电子邮箱中的身份更强大。用户必须在其自家服务器上进行身份验证,并且用户发送的消息不能通过简单替换 Header 的方式进行篡改,因为这通过邮件就可以完成,这样可以消除或减少垃圾邮件的问题。为了确认他们的身份,可以要求客户端出示有效的安全证书来进行额外的身份验证。此外,通过限制访问一些参与者白名单的方式,可以很简单并牢固地控制主机间的关联。

在客户端和服务器间以及各服务器间进行加密。在 XMPP 中,这两种类型的加密方式是可选的,但是服务器可以配置为只接受加密连接。一旦连接被加密,客户端和服务器间发送的所有信息也将被加密。此外,对于服务器/服务器交换来说,管理员可以选择与任何其他的开放 XMPP 服务器进行联系,抑或与一组 XMPP 服务器或者任何其他的服务器进行联系。该协议的这个特性能够更好地对不同应用程序进行服务器群集控制。

1)TLS

TLS① 在 RFC 2246 中给出了描述,是对 SSL 的继承,并由 IETF 国际组织进行了标准化。TLS 工作在客户端/服务器模式,具有四个安全目标:

(1)服务器身份验证。

(2)交换数据的机密性(会话加密)。

(3)交换数据的完整性。

(4)选项:使用数字证书的客户端身份验证或者增强身份验证。

TLS 主要的操作如下:

(1)加密算法和压缩间的协商。

(2)交换证书,使其可以在每一边都计算共有秘密(common secret)。

(3)使用公共秘密从 TLS 会话中提取加密密钥。

XMPP 使用 TLS 来保证带有 STARTTLS 扩展的数据的机密性和完整性,而 STARTTLS 扩展来自于 IMAP 和 POP3 协议的扩展。指定区域的管理员可以使用 TLS 来进行客户端/服务器或者服务器/服务器间的通信或者同时进行以上两种通信。在开始 SASL 协商之前,Customer 可以使用 TLS 来保证信息流,而服务器则应在两个区域间使用 TLS 来确保各服务器间通信的安全性。TLS 协议涉及 14 个规则,这在 RFC 3920 中有详细描述。以下为一个规则的例子:如果初始实体选择使用 TLS 协议,则 TLS 协商必须在进行 SASL 协商之前完成;保持协商的顺序是有必要的,以保护在协商过程中发送的 SASL

---

① TLS:传输层安全协议(transport layer security)。

认证信息。此外,在 TLS 协商过程中,在原来计划证书上使用外部 SASL 机制也是可能的。

2) SASL

SASL 意为"简单身份验证及安全层",该协议也是由 IETF 国际组织完成了标准化。在 RFC 2222(现由 RFC 4422 替代)中给出了该协议的描述。通过在协议和连接(也即 IP)之间引进安全层,SASL 定义了客户端和服务器间的身份识别和认证机制。根据该协议,创建的安全层也能保护协议间的交换。认证机制与应用程序分离,可以由任何 SASL 支持的程序来使用支持 SASL 的任何机制。SASL 涉及 RFC 3920 中的 10 个规则。下面为一个规则的例子:如果接收实体支持 SASL 协商,作为对接收到的初始实体流开放标签的回应,在 <mechanism /> 元素中就应该有一个或多个认证机制。

3. Presence 机制

XMPP 协议的基本版本提供了一种机制来查看使用该协议的节点的 Presence 及 Status 信息。在连接之后,客户端会通过<presence>元素发送它的 Presence 信息,直接发送给另一个客户端或者服务器,该服务器可以将这些信息发送给其他有权知道该信息的客户端。图 8.6 中的源代码是客户端向服务器发送 Presence 通知的例子。

```
C:   < presence from = 'toto@example.com'>
              < show > online </show >
              < status > ready </status >
              < priority > 5 </priority >
              </presence >
```

图 8.6   发送 presence 通知的例子

服务器还可以向客户端发送联系人(contacts)的 presence 信息,如果信息已存在则以直接发送,或者对相同的联系人来说,可以将之前的 Probe 类型的 Presence 数据包以广播的形式发送。客户端的联系人被分组成表,称为 Roster。Customer 必须订阅一个联系人,也就是说,在其 presence 接到警告之前,必须通过该联系人的证明。

4. 扩展协议

XSF(XMPP 标准基金会)对 XMPP 协议发布了官方扩展协议,总数超过 250 个。其中一些扩展协议如下所列:

(1) XEP-0118。User Tune 定义了一个通信协议,该协议允许客户端通知播放音乐的那些联系人。这个信息可以被看作一种"广泛存在"。

(2) XEP-0136。Message Archiving 为在服务器上进行消息归档,既可以是客户端要求的,也可以是服务器自动进行。

(3) XEP-0166。Jingle 是一个 XMPP 的多媒体扩展协议,这使得能够将流尽可能快地扩展任何二进制内容:网络电话、视频会议等。

(4) XEP-0239。Binary XMPP 提供了二进制数据的编码功能,并且比 XML 的编码更有效。该规范定义了二进制的 XMPP。

5. XMPP 的其他用途

即时消息只是 XMPP 协议中的一方面，主要作为 XML 流的一种信息流通方式。可以想象可能有许多其他使用 XEP 架构的应用程序都应用了扩展协议，某些扩展协议是同时实现的，尤其是涉及即时消息的基本功能的扩展协议，但是许多协议仍处于草案形式。

1) Notification

即时消息中最方便的一个功能就是其可以对新事件进行通知。其可能性及功能很多：

(1) 电子邮件，新消息的到达(ILE、JMC、IMN)。

(2) 输入表格(监控 wiki 中输入的条目、博客中的跟帖及评论、论坛中的发言等)。

(3) 通过 RSS/Atom 监控的新闻(JRS、pyrss、rss2jabber、JabRSS、Janchor、Pubsub.com)。

(4) 个人或群组日历(提醒和预约闹钟)。

(5) 仓储监控(CVS/SVN)等。

这种类型的任务通常是由 robot 负责监控和发送通知。

2) Groupware

XMPP 是一种通信协议，并且是远程协作的理想协议。这种协议主要在客户端层面来实现：客户端应该能接受特定的交换数据。

(1) 文档及文件共享。

(2) voIP(Jingle、Jabbin 等)。

(3) whiteboard(Coccinella、Inkboard/Inkscape)。

(4) 同时操作一个文档。

(5) Co-browsing(Jybe)。

(6) 讨论及 notetaking 的记录。

3) Presence

与一些信息对应，这些信息使人知道 Jabber 客户端的可用状态、位置以及正在做什么。

(1) 地理定位(JEP 112、Talk Maps、通过 XMPP 定位车辆的 TRAKM8)。

(2) 系统管理：监控远程机器的正常运行时间(通过 robot)。

(3) 在网页上显示用户的 presence 信息(Edgar the Bot 等)。

4) 系统管理

监视，以及远程控制。

(1) 机器的远程监视：运行时间(uptime)、带宽、日志(log)、攻击、Cron 任务、超限报警、Pings、内存状态、网络负载及 CPU、网络活动等。处于通知域内。

(2) 远程控制：更新、备份、日志查询、后台程序等。

5) 多样性

(1) 在线游戏。

(2) 更新博客。

(3) 咨询搜索引擎，天气或者其他服务。

（4）在线书签。

这个简短的概述显示了可用 XMPP 协议执行的应用程序的多样性。

8.3　面向服务的中间件

如今,面向服务的中间件在整合企业信息系统的配置中非常受欢迎。正如在第 7 章中评论的,从 2000 年初 Web 服务的出现时起,服务理念曾一度很受欢迎。市场上各大厂商（Microsoft、SUN、IBM Oracle、BEA、Sybase 等）提供了不同的解决方案。

为了使 Java 中的服务概念更加规范化,在本节中将采用 OSGi 平台。现在有几种实现方式,如 IBM Websphere 和 IDE Eclipse,它们将提供一个相对广泛的时序方式。本节还会介绍 OSGi 的规范、其主要特点以及对 UPnP 标准的说明,而当服务集成网关必须管理自动配置硬件时,UPnP 标准往往和 OSGi 相关联。

8.3.1　OSGi

OSGi 联盟[SUN 08]是在 1999 年 3 月由 12 家公司成立的一个标准制定组织,包括 Ericsson、IBM、Oracle、Sun Microsystems 等,其目的是为网关软件提出一套规范。这些软件可以在 Java 中运行或者安装在外网（如因特网）和局域网（局域网络,传感器网络或者通过 RFID 标签连接的物品网络）。架构（framework）是该规范的核心部分,为应用程序定义了生命周期（lifetime）模型,这些应用程序独立于 Java 虚拟机和服务注册机制。

1. 操作原则

OSGi 平台是一个开发及运行 Java 应用程序的平台,而这些应用程序能够在同一个 JVM 中运行,如图 8.7 所示。将应用程序装载在该平台上,可以使一个依附于服务提供者的应用程序与其他提供者的应用程序一起运行。该平台通常作为 Java 运行环境的 overlay,允许动态配置的应用程序间的关系。OSGi 的主要特点如下:

（1）模块化和可扩展性（管理不同模块之间的依赖关系,模型灵活,便于增加的新功能）。

（2）动态（新服务开发可以不受平台影响,具有动态代码更新功能）。

（3）可配置性（每个出版商/主机只需配置所需的服务）。

（4）Tele-administration（远程管理；Bundle 的远程配置）。

OSGi 的主要实体有:

（1）Service。服务（service）是执行特定功能的 Java 接口,在该接口实现的 class 类文件中进行编程。服务可以注册为 Framework 的命名服务,使用一组带有参数的<name,value>类型属性。BundleContext 提供了一个 Bundle 的接口,允许 Bundle 在 Framework 的命名服务中注册一个服务,并且能随时在系统中了解新服务的 Presence。

（2）Bundle。Bundle 包含服务的功能及配置单元,是 Java Packages 的发布和安装包,并被打包在“.jar”文件中,该文件包含了服务接口和它们的实现,服务激活了 class 类文件

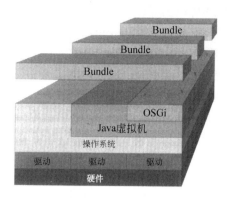

图 8.7　OSGi 结构

以及 Manifest 文件(元数据)。Manifest 文件包含了 Framework 所需的信息,因此它能够管理执行 Bundle 服务。

(3) Bundle Context。这是封装(package)结构的执行环境。

基于该框架(framework),在 OSGi 层定义了许多 API 及服务:

(1) 日志(log)或数据记录(data logging)。

(2) 配置和管理优先级。

(3) HTIP 服务(通过执行 Servlets)。

(4) XML 同步分析,设备访问。

(5) 封装管理(package admin)。

(6) 权限管理(permission admin)。

(7) 启动级别(start level)。

(8) 用户管理(user admin)。

(9) IO 连接器(IO connector),IO 为输入/输出。

(10) 电线管理(wire admin)。

(11) JINI、UPnP Exporter。

(12) 应用程序跟踪(application tracking)。

(13) 签名 Bundle(signed bundles)。

(14) 声明式服务(declarative service)。

(15) 电源管理(power management)。

(16) 设备管理(device management)。

(17) 安全策略(security policies)。

(18) 诊断/监测(diagnostic/monitoring)和 Framework 分层(framework layering)。

2. 应用程序的打包和配置

Java 应用程序通常包含很多存储在不同目录的 JAR 文件,这些文件的路径已经列在了 CLASSPATH 可变环境中。除了定义路径时的错误风险及定位 classes 文件问题外,该方法增加了 classes 文件在操作环境以及编译环境中的版本兼容性问题。

在 OSGi 中,应用程序被配置成包和组件(Bundle)。Bundle 的生命运行周期(如图 8.8 所示)如下:

(1) 安装。在平台的文件系统上下载并存储 Bundle 的 JAR 文件(Bundle Cache)。

(2) 依赖关系。安装在平台上的 Bundle 依赖关系由所有 Bundle 导出的 Package 来解决。导出 Packages 的信息在 Export-Package 中给出列表,但是只有在 Bundle 搜索它们时,它们才被激活。当几个 Bundle 输出同一个 Package 时,只有含有最高版本号及最小标识符的 Package 才被导出。

(3) 激活。通过在 Bundle 的 Manifest 文件中声明的 Bundle-Activator,在平台中给出一个 class 类文件对象的实例。该 class 类文件必须实现 Bundle Activator 接口,从而管理 Bundle 的生命运行周期。start (BundleContext)方法通过表示 Bundle(平台)上下文的参数来调用,该方法可以注册服务、搜索其他服务以及启动 Threads。

(4) 停止。stop(BundleContext)方法取消注册所提供的服务,释放已使用的服务并停止已经启动的 Threads。

(5) 更新。在不中断平台中其他服务的前提下,对一个 bundle 程序进行关闭、重新安装、resolution 以及重新激活。

(6) 卸载。删除 Bundle Cache 中的 JAR 文件。但是 class 类文件在内存中仍然存在,而依赖于它们的 bundle 也保持激活状态。

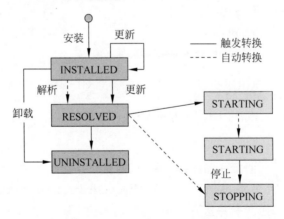

图 8.8　Bundle 的生命运行周期

OSGi Bundle 可以提供 native library,在 Manifest 中通过 Bundle-NativeCode 实体进行描述。该实体描述了 JAR 文件中的路径、目标 CPU 以及所需的操作系统。

OSGi 遵循动态面向服务的编程范式,认为任何有需求合同的服务都能"替换"为另一个,并且在运行时间内,要尽可能晚地从具有需求合同的服务列表进行选择。客户端通过查询服务寄存器的方式获得这个列表,提供者通过注册来将其服务存入寄存器,包括规范的合同。此外,这种范式是动态的,它认为客户端所需的服务可以在任何时间出现或消失。而服务则是 Bundle 之间彼此合作的方式。该服务合同包括由一组必选和可选的属性描述的一个或多个 Java 接口,这些接口用于句法协商,而属性则用于进行服务质量(QoS)的谈判。

3. 安全性

OSGi 的目标之一是在管理体系的严格监管下运行不同来源的应用程序,那么一个全面的安全模型是十分必要的,它包括系统中的所有部分,如图 8.9 所示。OSGi 规范使用了以下几种机制:

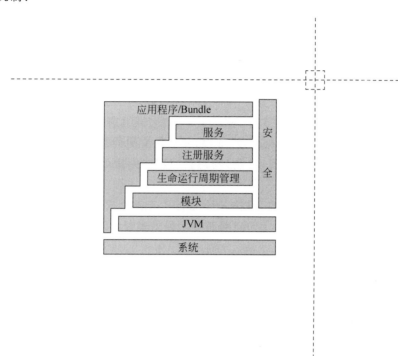

图 8.9 OSGi 结构和安全模型

(1) Java 安全性。

(2) 减少 Bundle 内容的可视性。

（3）Bundle 间通信链接的管理。

（4）Bundle 的安全配置。

Java 安全模型提供了权限许可（permission）的概念，用于保护具有特定行为的资源。例如，文件可以通过操作权限进行保护。每个 Bundle 都有一组满足一定条件（Java 签名、路径等）的权限许可，这些权限可以进行动态更改，并且新的权限会立即生效。然而，这些权限的分配也可以在早期阶段进行分配，如在安装阶段。如果一个 class 类想要保护一种资源，就需要 Security Manager 来检查提出请求的这个 class 类是否具有在这种资源上进行操作的权限。例如，如果 A 调用 B，并且 B 可以访问受保护的资源，那么 A 和 B 一定都有权限访问该资源。

通过使 Packages 只在 Bundle 中可见的方式，OSGi 增加了一个额外的保护级别。这些 Packages 可以被 Bundle 中的其他 class 访问，但是对于其他的 Bundle 来说，它们是不可见的。Bundle 间 Packages 的共享可能会为恶性攻击提供机会。OSGi 专门指定了 Packages 权限来限制 Bundle 中的 Export 和 Import。OSGi 还提供了服务权限，给出了提供或使用安全服务的能力。最后，日志（log）机制保持对访问服务的追踪记录，以保留操作的历史记录。

第 4 版 OSGi 整合了附加的安全机制用以配置 Bundle。在操作中，尽量保证数据的完整性和保密性，并对发送者进行身份验证。首先，供应商从一个可信赖组织那里获得一对公/私密钥，而客户端从同一个组织那里获得公开秘钥的证书。供应商利用它的私钥对 Bundle 进行签名以及身份验证。客户端下载 Bundle，并利用其持有的公钥对其进行验证后安装。该机制如图 8.10 所示。

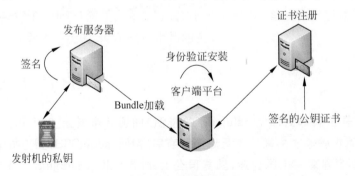

图 8.10　OSGi 的安全配置

4. 实现

在市场上有很多 OSGi 的实现框架，既有专用实现，也有开源（open source）实现。在有些实现中由联盟给出了所有的规范，而另外一些则只能给出了一部分。除此之外，每一种都具有自己的特点，如图形用户界面（GUI）或使用单一控制台对 Framework 实现控制。

Oscar 和 Felix 是最流行，也是最简单的操作程序，属于开源类型。Oscar 是 OSGI 的一种实现，其优势在于其能在有限的内存资源下操作设备。实际上，Oscar 可以被安装在具有内存占用小的小型设备上,并且含有能够安装并控制 Bundle 的控制台。不幸的是,其提供的 Framework 只支持 OSGi Release3。Oscar 应用程序已经不再开发,负责本项目的团队已经决定参加到另一个开发平台(Felix)中去,该平台需要与 Release4 版本的规定相一致。

Knopflerfish 是一款 OSGi 实现,也属于开源操作程序,其默认使用保护所有所需功能的图形化界面,以便对 Bundle 进行有效的管理。Knopflerfish 的版本 2 中部分实现了 OSGi 规范 Release4 中的推荐功能。Knopflerfish 是目前最成功的开源 OSGi 平台,其核心采用 Eclipse 开发环境,保证了其广泛的传播性。

Concierge 适合具有非常少资源的嵌入式系统,尤其是移动电话,因为它们需要的内存不超过 80KB。Concierge 不是基于完整的 JVM,而是基于 J2ME 的配置文件,并且也是开源的。

8.3.2　UPnP

UPnP[①] 论坛成立于 1999 年,是一家开放的行业联盟。该论坛的目的就是制定标准来简化家庭以及协作环境(SOHO,small office home office)中的通信设备的网络实现。涉及的领域为微型计算机或者小型办公设备(打印机、扫描仪、APN 等),消费电子产品(DVD、TV、收音机、媒体中心等),通信工具(手机、ADSL 路由器等),家庭自动化产品(防盗报警器、加热控制器、百叶窗等)或者甚至一些家用电器(洗衣机、冰箱等)。

UPnP 将一组网络协议汇集在一块,使得设备能逐步连接起来,并可以简化家庭环境和公司环境中的网络实现(数据共享、交流及娱乐)。UPnP 通过定义和使用基于开放的、以网络为基础的通信标准(TCP/IP、UDP 和 HTTP)的设备控制协议来完成此任务。

UPnP 允许任何两个设备间通过网络控制设备进行通信。该结构的突出特点为:

(1) 支持多种通信手段(电话线、电源线、以太网、红外线、Wi-Fi、蓝牙以及火线)。

(2) 设备和通信手段之间的独立性。

(3) 只使用标准协议,无须设备驱动程序。

UPnP 论坛发行了所需网络协议(UPnP DA)的第 1 个版本,并定义了一系列设备及其相关服务的标准。UPnP 设备架构(DA,device architecture)为设备管理的自发网络构成定义了相关的协议:设备的动态监测与移除;其所提供的设备和服务的描述;提供服务的控制点(PDA、TV、RF 遥控等)的使用;与服务状态相关的变量变化的通知。

UPnP 架构支持"零配置"模型:每个设备可以动态加入网络中,从而获得一个 IP 地址,播报它的名字,提供关于其功能需求的信息,发现网络中其他设备的存在及功能。DHCP 和 ONS 的使用是可选的,设备可以动态地离开网络,并在它们离开后不会留下不希望的信息。

在 UPnP 中提出了多种协议,这些协议与连接到网络的设备生命运行周期的不同阶段相对应。

---

① 　UPnP:通用即插即放(universal plug and play)。

1. 发现

配置好了 IP 地址之后,在 UPnP 网络中的第一步就是发现资源,如图 8.11 所示。当一个设备被添加到网络中后,UPnP 中的 SSDP① 发现协议就允许设备在网络的控制点上进行服务注册。同样地,当在网络中添加一个控制点时,发现协议就会使控制点在网络上搜索与之对应的设备。在这两个案例中最基本的交换是一条发现消息,该消息包含关于设备或者其服务的一些必要信息(类型、标识符、一个指向更多信息的指针等)。

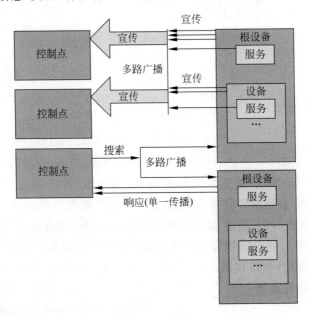

图 8.11　发现

2. 描述

当控制点发现一个设备后,它知道该设备的信息很少。为了了解该设备的更多信息,或者与之建立交互,它必须在发现消息阶段从设备提供的 URL 中找到对设备的描述,如图 8.12 所示。设备的 UPnP 描述是以 XML 书写的,包含了生产商的模型名称、序列号、卖方网址的 URL 等。这些描述还包括所有嵌入式设备或者服务的列表,如用监控事件及表示(presentation)的 URL。对于每一个设备来说,描述包含了与该服务相对应的命令或动作(action)列表,以及每个动作的参数。服务的描述还包含了一个变量的列表。这些变量描述了运行过程中服务的状态,而这些变量根据数据类型、事件特征等进行描述。

3. 控制

当控制点找到一个设备的描述时,便会向设备服务发送命令,此时它会发送一条合适的控制消息用于为服务来控制 URL(详见设备的描述),如图 8.13 所示。控制消息采用 SOAP 协议以 XML 语言进行表达。对于函数调用,作为对控制消息的响应,服务会以动作

---

① SDDP:简单设备搜索协议(simple device discovery protocol)。

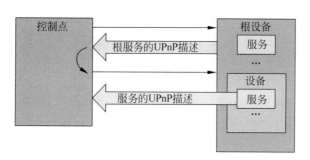

图 8.12 描述

(action)的形式返回期望的数据。对动作的影响可以通过改变服务状态描述的变量来建模。

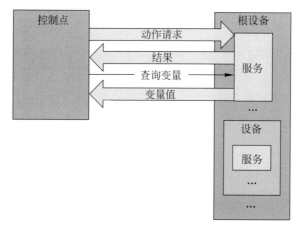

图 8.13 控制

4．事件通知

服务的 UPnP 描述包含一个与服务响应对应的动作列表和一个运行时间服务状态模型的变量列表。当这些变量发生变化时，该服务就会进行发布更新，并且控制点必须订阅接收该信息。服务的更新是通过发送事件消息进行的，这些事件消息包含一个或多个状态变量名字以及这些变量的当前值。这些消息用 XML 编写，格式采用 GENA 格式（general event notification architecture）。当一个控制点第一次订阅时，就会发送一个特殊的初始事件消息。这个消息包括事件中涉及的所有变量的名字和数值，并允许订阅者初始化其服务的状态模型。为了支持多控制点的场景，事件设计时必须保证将动作作用平等地发送给所有的控制点。因此，无论状态变量变化的原因是什么，所有的事件信息都必须发送给所有的订阅者，如图 8.14 所示。

5．表示

如果设备有一个 URL 作为表示（presentation），控制点就可以从 URL 中获取一个页面，并将页面加载到浏览器中，根据页面的属性，它可以允许用户来控制设备，或者查看设备

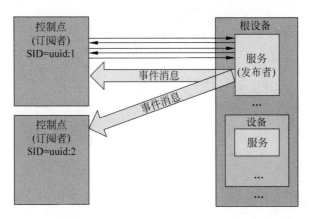

图 8.14   事件通知

的状态,如图 8.15 所示。

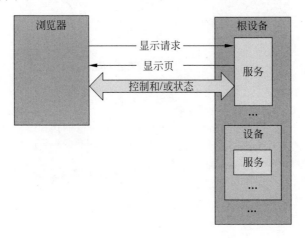

图 8.15   表示

UPnP 在 UDP 上使用一个 HTTP 变量(HTTPU 和 HTTPMU、Unicast 和 Multicast)以实现该功能,其规范遵循 2001 年到期的 Internet 草案。

8.4   结论

我们重新搜集了由 EPC 全球联合组织提出的标准,以促进物联网的网络服务,允许使用 RFID 标签来对分布式应用程序进行配置。在下一章中要介绍的大多数解决方案都使用该标准。标准化旨在促进不同 EPC 全球网络的供应商与订阅者之间的互操作性。然而,他们只为现存的信息系统提供了有限的工具来进行集成,因此不同的商业应用程序可以充分应用这一新架构的优点。为了实现该项内容,主要的供应商就会采用与物联网技术关系不大,却与企业应用集成密切相关的标准的补充技术。本章给出了与面向信息的中间件相关的一些标准,尤其是 JMS 标准在 Java 世界中非常流行,并植入了基于该环境的几乎所有的解决方案。然而,由 IETF 组织批准的 XMPP 标准不是针对特定平台的,为互操作性提供了更好的应用前景。

在面向服务的中间件领域内,可用的解决方案很多。我们选择在本领域内具有一定声誉的 OSGi 规范来对其进行阐述。UPnP 和 OSGi 在技术上具有互补性。UPnP 聚焦于在基于因特网标准的私人网络中对服务和设备的自动发现,而 OSGi 则致力于提供在家庭网络、汽车或其他环境中与带宽管理相关的服务。

其他的行业解决方案也存在,虽然已经得到了广泛的传播,但还未形成必要的行业标准。在此,建议在后续章节中去了解这些解决方案。

8.5 参考文献

[OMG 09] Object Management Group, CORBA ,2009, http://www.omg.org.

[OW2 09] OW2 Consortium, JORAM, 2009, http://joram.ow2.org.

[SAI 04a] SAINT-ANDRE P. , RFC 3920-Extensible Messaging and Presence Protocol (XMPP): Core, memo, IETF, 2004.

[SAI 04b] SAINT-ANDRE P. , RFC 3921-Extensible Messaging and Presence Protocol (XMPP): Instant Messaging and Presence, memo, IETF, 2004.

[SAI 04c] SAINT-ANDRE P. , RFC 3922-Mapping the Extensible Messaging and Presence Protocol (XMPP) to Common Presence and Instant Messaging (CPIM) ,memo, IETF,2004.

[SAI 04d] SAINT-ANDRE P. , RFC 3923-End-to-End Signing and Object Encryption for the Extensible Messaging and Presence Protocol (XMPP), memo, IETF, 2004.

[SUN 08] OSGi Alliance, http://www.osgi.org, 2008.

[SUN 09] SUN, JMS, 2009, http://java.sun.com/products/jms.

[XMP 08] XMPP Standards Foundation, XMPP Extensions, 2008, http://xmpp.org/extensions.

第 9 章
物联网中间件的解决方案

本章将详细讨论一些关于物联网中间件可行的解决方案。本书中所讨论的中间件,是由该领域内主要行业生产者所提供的一种商业产品,或是由联盟组织提出的解决方案,更进一步,是由通常很小但却具有创新性的学术组织开发的学术型解决方案。首先要讨论专业市场中主要参与者提出的解决方案,尤其是 SUN 公司提出的解决方案及其软件系统:SUN Java System RFID。在工业领域内,曾一度涌现出许多竞争者,他们都急于在其信息系统内提出能有效整合 RFID 技术的解决方案。这些解决方案包括:

(1) IBM 提出了一套 IBM Websphere RFID Suite 解决方案,该方案主要基于 Websphere 的设备和企业版本。

(2) BEA 公司是该领域购买中间件产品的先锋之一,ConnecTerra 及其 ConnecTerra RFTagAware 都是该公司购买的软件产品。

(3) Oracle 公司和该公司的 Oracle Sensor-Based Services,这种方案能够在企业 SI 中对从传感器或 RFID 标签中获得的信息进行整合。这种解决方案是一个 RFID 驱动包,并被整合到 Oracle e-Business Suite 和 Oracle Application Server 系统的支持件中。

(4) 在供应链上对解决方案进行整合、执行以及优化的销售商,如 Manhattan Associates 平台(全球拥有 900 多名主要客户)、SAP、Savi Technology SmartChain(第一个 DoD 的 RFID 中间件的供应商)等。

(5) Microsoft 公司虽然较晚进入市场,但它用自身一流技术为企业提供了一套软件套件:Microsoft. Net RFID Service Platform。

值得注意的是,这些解决方案都采用了 EPCglobal 技术,他们的负责人是联盟的参与者,其中大部分人都热衷于该技术的推广及发展。这些产品在架构水平上是非常相似的,因为 EPCglobal 标准旨在促进各产品在 EPCglobal 网络中具有互操作性。如果不同生产者的中间件的全球架构是相同的,则根据所选择的实现技术,不同部件的实现可以不同。

本章将重点介绍 SUN、IBM 以及 Microsoft 的主要解决方案。

本章由 Yann IAGOLNITZER、Patrice KRZANIK 和 Jean-Ferdinand SUSINI 编写。

9.1 EPCglobal 与 SUN Java RFID 软件

使用 EPCglobal 标准,SUN 公司[SUN 09]提出了一套用于 RFID 标签管理的产品,以便于对大量物品进行自动且唯一的识别。这些解决方案允许我们追踪物品、触发事件以及在物品上执行操作。这些解决方案最初主要用于供应链的管理,使企业可以核实商品库存的完整性,从而可通过提高操作效率来节省开支。作为 Auto-ID Center's Technology Board 和 MIT Auto-ID Center's Software Action Group 的成员,SUN 公司致力于引导产业执行 RFID/EPC 标准,作为 EPCglobal 的成员之一,SUN 公司参与并领导了这些改革,提供了一个基于 RFID/EPC 标准和解决方案的专用设施,并对公司的 RFID 应用程序进行配置,最终,SUN 成为了 EPCglobal 网络设施配置的主力军。最后这一项也为其批评者提供了一个挑战 EPCglobal 模型关联性的机会,当使用 EPCglobal 网络及其服务、查看活动的重要信息以及企业的库存情况时,这些批评者可通过私人手段查看到一些信息。

9.1.1 SUN Java System RFID 的软件架构

SUN Java System RFID 的软件架构是利用 Java Enterprise System 的软件和技术[SUN 09]创建的,其提供了一组技术部件及产品来提高集成度、简化维护程序,结果产生了一套需要支付年许可证费用(该费用主要用于支付软件、数据集、维修、咨询以及培训)的公司设施服务,如图 9.1 所示。

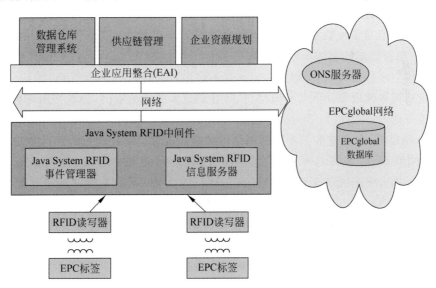

图 9.1 SUN-EPC 全球解决方案的总体架构

SUN 解决方案建议利用一组驱动程序直接驱动多个 RFID 设备(一些品牌读写器:ThingMagic、SensorMatic、FEIG Electronic、Zebra Technologies、SAMsys、AWID、

Printronix、Symbol 等）。同时 SUN 也建议,Java System RFID Software Toolkit 是为简化一些硬件的适配器结构而设计的,这些硬件包括不同的读写器、打印机或者其他与事件管理器兼容的设备,从而丰富初始硬件支持的种类,并提供了一个专有的配置环境。SUN 也提议使用 JVM,用于支持一些 RFID 读写器,以便在读写器本身中嵌入针对 EPCglobal 中间件的高层处理(筛选、合并、关联等)。

由于 SUN 公司获得了 EPCglobal 联盟的独家代理权,SUN 公司还建立了一个位于德克萨斯州的达拉斯市的 RFID 测试中心,以便在较大范围内对解决方案进行测试,从而帮助公司用户设计及配置其 RFID 方案。该测试中心提供了一个模拟真实条件($17\,000\text{m}^2$)的环境,该环境中配置了输送带、托盘、天线、标签、读写器等,并面向大众零售市场(Wal-Mart 等)。总之,SUN 以 Java Enterprise System 解决方案为基础,使用户能获得基于 Web 服务和 Java 应用服务来进行开发。

9.1.2 Java System RFID 的事件管理器

事件管理器(Event Manager)属于应用层事件(ALE),是植入 EPCglobal 软件堆的关键部件,遵守 EPCglobal 联盟提出的标准,并具有某些为促进大规模系统的植入而设计的附加特征。根据 EPCglobal 规范,中间件管理事件及信息是实时的,将会生成警报,并将由读写器读取的信息发送给公司的其他信息系统。中间件将负责处理含 EPC 编码的 RFID 标签数据,并提供了允许 RFID 接入 EPCglobal 网络的接口,该中间件与 EPC Gen 2 RFID 标签是兼容的,也可与满足 ISO 标准的其他类型的标签及其他类型的传感器兼容。

中心管理控制台主要用于管理每个事件管理器,该系统可以通过 Java API 进行扩展。

通过定义一组对实时数据的发送和接收进行管理的接口,事件管理器可以促进带有 EIS 的 RFID 事件数据的集成。事件管理器提供了用于筛选、聚合及追踪事件的系统。在读取事件的每个步骤中,该系统都会收集大量的信息,如 RFID 标签的 EPC 编码、读取标签的读写器识别符和读取时间戳等。这样,信息在信息系统中传播时,就能使用筛选以及集成程序对其进行处理。

EPCglobal 中间件规范的 1.0 版是围绕可扩展性概念而制定的,因此,这项规范主要定义了基本的处理模块,提供了一个将自己的模块开发为企业用户模块的框架。基于联合服务的分布式结构,RFID 事件管理器尝试在保存其实用性、可扩展性以及易处理性的基础上,又使其开发变得更加灵活和通用。

图 9.2 所示是一个容错结构。如果某一资源不能被连接上或者已经损坏时,该管理器会通过重新配置丢失软件资源的方式继续工作。实质上,故障的恢复是基于 JINI 技术进行的。

事件管理器的主要特点如下:

(1) 适配器允许来自不同制造商的设备进行互相通信及互动。

(2) 用筛选器(filter)来筛选有用的数据,并提供了这些筛选器的标准实施规范。筛选器可理顺事件出现的顺序,管理事件的变化,以及阻止一些事件的继续发展。

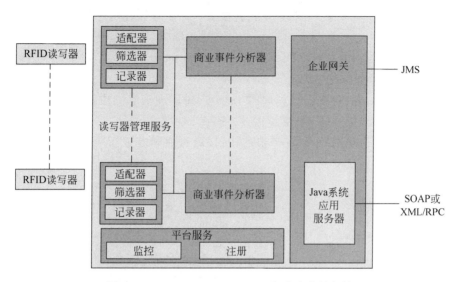

图 9.2 SUN Java System RFID 解决方案的架构

（3）事件记录器（event logger）。对于 XML 消息格式，利用 HTTP 或者 SOAP，标准实现支持将信息写入文件或 JMS 队列中。

（4）为其他企业网关提供一个外部接口，该网关可以使用由事件管理器筛选出来的数据。

为了规范 RFID 读写器的访问接口，SUN 解决方案提出了几种标准协议：

（1）简单易行的 RFID 读写器协议（SLRRP，simple lightweight RFID reader protocol）是 IETF 的 SLRRP 协议的简易版本。在该协议中，当控制器和 RFID 读写器连接到 IP 网络时，允许二者之间进行数据及控制信息的交换。

（2）RFID-Perl 是一种与 RFID 读写器的交换接口，可以确保在异质结构中的独立性。

（3）JSR-257 规范的第 1 个版本完成于 2006 年 10 月，协议包含了用于非接触通信的 J2ME 可选包。

9.1.3 Java System RFID 信息服务器

Java System RFID 信息服务器为事件管理器产生的商业事件提供了访问接口，它是介于事件管理器和现有企业信息系统（EIS，enterprise information system）或特定企业用户应用程序间的集成层，并为其他企业应用程序提供了访问 EPCglobal 网络数据的入口，如图 9.3 所示。这些数据包括：

（1）由事件管理器通过读写器和传感器收集的数据。

（2）RFID 标签上的特定数据（生产商的数据等）。

（3）产品信息。

因此，用户企业就拥有一个能将 EPC 事件与商业逻辑联系起来的系统。此外，该服务

器可以被用来执行附加的功能,如数据格式转换等。该服务器提出了两个与 EIS 进行点对点整合的选项:

(1) J2EE 连接器结构(JCA,J2EE connector architecture),该结构将 EIS 耦合到 Web 服务或者 Web 应用程序上。

(2) 使用带有 Web 服务或应用程序的 JMS,通过面向消息的中间件(MOM,message-oriented middleware)来发送异步消息。

总之,EIS 及其服务器被称为 Web 服务,可以通过通用配置标准协议如 WSDL、UDDI 和 SOAP 等进行交流和互动。

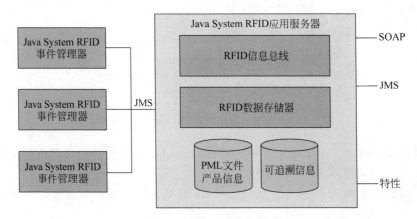

图 9.3　Java RFID IS 信息服务器的架构

9.2　.NET 和 RFID 服务平台

由 Microsoft 公司提出的 RFID 解决方案主要基于.NET 平台的产品扩展协议。因此,在详细介绍 RFID 服务平台之前,将简要介绍.NET 平台及其在分布式应用程序管理方面的特性。

9.2.1　.NET 平台

如今,.NET 平台是基于 Microsoft 技术并普遍应用于 IT 项目的一项技术,如图 9.4 所示。Microsoft .NET [SIK 09] 是为了方便一般应用程序的创建和配置而开发的软件结构,尤其是便于 Web 应用程序或 Web 服务的创建和配置,它包含客户端和服务器,二者可使用 XML 进行互动。

.NET 平台有 4 个主要元素:

(1) 编程模型。考虑与应用程序开发相关的问题(生命运行周期、版本管理、安全等)。

(2) 开发工具。其核心由 IDE Visual Studio .NET 构成。

(3) 服务器系统。以 Windows 服务器、SQL 服务器或者 Microsoft Biztalk 服务器产品为代表,可以集成、执行以及管理 Web 服务及应用程序。

(4) 客户端系统。Windows 环境下的工作站或在 Windows CE 或者 mobile 上嵌入式系统及配备有诸如 Microsoft Office 等办公软件的客户端等为代表的客户端系统。

.NET 是一个开发及执行环境,该环境通过公共语言运行时(CLR,common language runtime)可使用虚拟机(VM,virtual machine)的其他概念:利用微软中间件语言(MSIL,microsoft intermediate language)将源代码编译生成中间对象,并独立于任何处理器结构及任何主机操作系统。然后,该中间对象执行动态编译,或在 CLR 内使用 JIT 编译器(just in time)编译,该编译器可以把中间对象翻译为与其所属处理器相连接的机器代码,并执行该代码。对于 Java 来说,中间代码(byte code)仅与单一语言源相关,而与 Java 相反,.NET 平台的中间代码支持许多公共语言(C♯、Visual Basic、C++等),支持其运行的 CLR 包含一组与安全、内存、进程和线程管理相关的基础类。

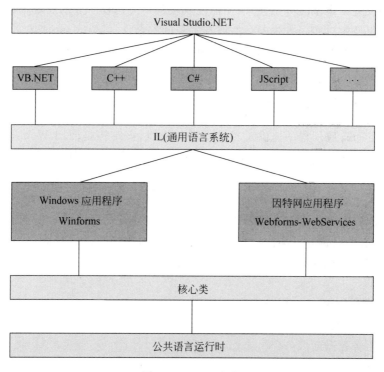

图 9.4 .NET 架构

1..NET 的安全

应用程序的配置基于一个生成可执行文件的副本,该副本处于特定目录 Global Assemblies Cache(GAC)下,或处于用户树内。在同时部署之前,这些可执行文件(称为 Assembly)被组装在由元素组成的程序包内,并通常分布在几个物理文件中。使用元数据和映射,所有包含了组件版本信息的部件都是自描述的,任何已安装的应用程序将会自动与其装配文件的一部分关联。

代码的安全性部分依赖于使用私钥进行签名的可能性,以确定该人或组织已经使用相关联的公共秘钥书写了密码。如果在当前目录下的执行不需要任何编码签名,则在 GAC 和发布管理的发行中需要该编码签名。

2..NET 组件

.NET 应用程序的基本模块是一个组件或程序集,可以是可执行文件(.exe),也可以是库文件(.dll),内容可以包含资源、声明或元数据。与 CORBA 或者 Java RMI 相反,当从另一种语言或另一种程序访问组件时,.NET 平台不需要其他文件,不需要 IDL 文件,也不需要用类库或客户端/服务器对。与可执行编码相比,元数据一直都是同步的,它们都是在可执行编码中对源代码进行存储和编辑时生成的。组件是一个单一配置单元,并具有单线程。每一个组件都安装在不同的应用程序域中,并且与其他应用程序的组件隔离开。组件包含了一种具有特定版本管理的机制。

组件允许设置其类型的可见性,以便能使其在其他应用程序显示或者隐藏某些功能,这样就可确保在组件中以相同方式保存的所有资源的安全性。Manifest 清单文件中包含一个在部件外也能看见的类型和资源列表,同时也包含了其所使用的各种资源之间依赖关系的信息。

9.2.2 分布式应用程序——.NET Remoting

.NET 为分布式应用程序提供了多种不同的机制,该结构是面向 Web 服务的,但其他机制,如.NET Remoting,对分布式应用程序更为有效,人们也可以使用 COM＋或 MOM MSMQ 平台。

随着.NET 的第 2 个版本(新的 Microsoft Windows Communication Framework——Indigo 平台)的应用,在.NET 上将分布式应用程序的开发及配置统一起来成为发展趋势。.NET Remoting 的结构允许不同应用程序域间的应用程序间进行对话。该体系结构是模块化的,消息传输、数据编码以及远程调用进行了很好的隔离,并且可使用特定的机制定制每一个操作步骤。

有三种.NET Remoting 服务类型:

(1) SingleCall 服务器激活服务(SingleCall 模式)。

(2) 共享服务器激活服务(Singleton 模式)。

(3) 客户激活服务。

.NET Remoting 应用程序通过一个消息流通信通道进行交互,可以对该通道的类型以及消息的编码方式进行编辑。一般有两种类型的标准通道:HttpChannel 和 TCPChannel。该系统也提供了两种数据格式的标准机制:BinaryFormatter 和 SOAPFormatter。

为了简化 Web 服务的最大化创建,所有 SOAP 及 WSDL 的相关方面都是透明的。此外,.NET 的 Active Server Pages 机制 (ASP.NET)使其在 Web 页上靠其一侧(与其竞争者 JSP:Java Server Pages 一样)进行.NET 代码集成成为可能。

9.2.3　RFID 服务平台

Microsoft 选择在.NET 平台上实施其 RFID 解决方案：RFID Services Platform[RFI 09]，为此 Microsoft 也成立了一个工作组：RFID 理事会，将诸如 Accenture、GlobeRanger 或 Intermec Technology 等一些合作伙伴集合在一起，共同来主持解决方案的推进。该平台使用 Microsoft SQL Server 数据库和 Microsoft Biztalk Server 集成服务器。

此外，Microsoft 也希望将 RFID 的功能整合到商业管理应用程序中去，如 Axapta 4.0、Navision 5.0 以及 Great Plains。这个软件的目的是在能管理无线信号收发的设备及能解释这些数据的应用程序间建立一个链接。该软件主要用于两个方面：一是将 RFID 管理整合到其信息系统中的企业，二是那些能够围绕电子标签设计更高级程序的开发商（Editor）。

RFID 开发商还计划为将 RFID 功能集成在一起的零售商发行一套专门用于接收的系统 WEPOS（Windows XP Embedded for Point of Service）。

1. 架构

如图 9.5 所示，该结构为分层结构，描述如下。

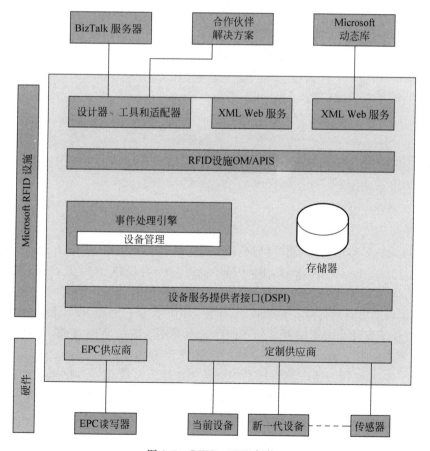

图 9.5　RFID.NET 架构

（1）设备服务供应商接口（device service provider interface）。该层是由一组在 Windows 环境中用来开发接口的集成 RFID 设备的通用 API 构成。为了方便集成，Microsoft 提供了平台、规范以及一个基于 SDK 的测试软件。

（2）引擎和运行时（engine and runtime）。该层是为方便 RFID 设备的使用，可以消除由标签提供的原始数据的噪声以及不相关性。在该层中，允许应用程序使用基于系统规则的事件管理器对 RFID 数据进行筛选、聚合和转换。事件处理引擎可在忽略设备以及通信协议类型的基础上管理 RFID 进程。事件处理引擎的核心为事件管道（event pipeline），可以将 RFID 设备收集到逻辑群组。事件管理器是事件处理引擎的一个关键元素，对于将要实施的商业逻辑，该事件管理器允许应用程序开发者为 RFID 事件的处理及进程定义一个逻辑，如图 9.6 所示。事件管理器在设计时考虑了灵活性及可扩展性，可以自动应用策略（通过商业规则）来对事件进行筛选、报警、丰富或转换。

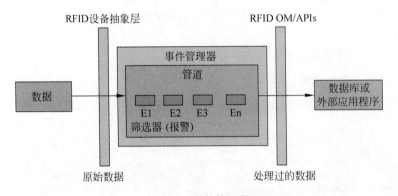

图 9.6　事件管理器

引擎的另一个重要作用是 RFID 设备的管理，它允许终端用户可以完成以下工作：

（1）查看设备的状态。

（2）查看和管理设备配置。

（3）以安全方式访问设备。

（4）管理设备名称的增加、删除以及修改，保持结构的一致性。

（5）Microsoft RFID Infrastructure OM/API。该层提供了用于设计、配置和管理 RFID 解决方案的对象模型及 API 接口，并包含用来管理事件处理的有用工具，进行筛选、聚合或将数据转换成有用信息。对象模型（包含 RFID 设备的管理、设计和配置过程以及事件的监视）提供了设计和配置端到端的 RFID 应用程序所需的 API 接口，并根据其生命运行周期进行管理。

（6）设计器、工具以及适配器。这是一个为了帮助开发者创建不同类型的商务进程而设计的工具箱。例如，适配器使用 BizTalk 服务器来帮助开发者集成实时 RFID 事件。

此外，还为 BizTalk RFID 提供了两个额外的工具：一个被称为 RFID Manager 的管理控制台，另一个工具是用于书写规则的 Rule Composer Tool。因此，借助于适配器使得在

BizTalk RFID 和其用户间进行数据交换成为可能。

2. 结论

Microsoft 提供了一个平台,在该平台上,合作伙伴可以构建 RFID 解决方案,用来减少在数据收集过程中的人为错误,减少库存,并提高产品的实用性。Microsoft 平台利用现有的产品,如 SQL Server 和 BizTalk Server,来管理与集成 RFID 数据、Visual Studio 及 Web 服务的 Web Services Enhancements(WSE)。

Microsoft BizTalk RFID Mobile 是一个致力于移动平台(手机等)的扩展协议,从而能管理 RFID 标签、条形码以及其他类型的嵌入式传感器。

9.3　IBM Websphere RFID 套件

像 SUN 一样,IBM 也将在北美、欧洲和亚洲为不同的客户解决方案建立不同的测试中心。为了做到这一点,IBM 已经设立具体的部门:Sensor and Actuator [IBM 09],这个部门涉及的范围包括整个 RFID 解决方案和传感器(标签、读写器、无线解决方案、中间件、面向商业的应用程序等)。

IBM 提出的中间件解决方案基于 Websphere 产品,在结构上基于企业产品生产模型,使用 SOA 方法。图 9.7 所示为该架构的主要部件。

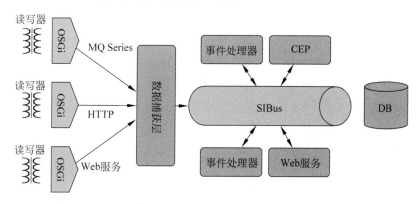

图 9.7　IBM RFID 解决方案的通用架构

9.3.1　数据捕获层

从技术的角度讲,包含 OSGi 网关(称为 Edge Server)在内的设施直接支持 RFID 读写器,这些网关支持不同类型的读写器,并能将信息发送到企业用户的信息系统。通常情况下,Edge Server 配置得尽可能靠近读写器:在仓库(应用这些技术的旗舰应用程序来管理供应链或产品链)。网关负责将读取的信息“实时”地传递给企业,然后,聚合的 RFID 事件通过一个面向消息的总线(MQSeries 或利用 Web 服务)被传送到特定的服务器(称为 Premises)上。RFID 数据发送的第一个接口是一个称为 Data Capture 的软件层,其分布式实现可以被追逐到最近的事件源,即 Egde 网关上。这个部件允许对 RFID 数据进行追踪、筛选、聚合以及注释。

9.3.2 Premise 服务器

格式化事件放在一个通信通道内,由 Premise 服务器的其他部件对其处理。在通信通道内使用 CBE[①] 格式传送事件,该格式来源于 Web 服务框架内由 OASIS 公司[WEF 06]提出的 WEF(WSDM[②] Event Format)规范。面向消息的总线用于路由事件,通常基于 Websphere 中间件的 SIBus[③]。这些技术促进了该结构在基于 Web 服务中的 SI 服务集成。

生成的事件受专用程序的限制,这些专用程序用来分析接到的事件,根据面向商业的相关规则建立关系,触发动作或产生一个新的面向商业的事件。连接到 SIBus 的处理服务可以是相对简单的服务(生成警报、对数据库的持久化存储、数据识别、定位等)。而特殊的部件则管理复杂的事件,CEP(complex event processor)便是这样一个部件,该部件基于一组商业规则,应用通用执行引擎对规则进行解释,通过执行复杂的处理过程及响应捕捉商业上的专业知识。如果没有处理程序,系统就会瘫痪,且平台将恢复到最普通的形式。

在 SIBus 中运行事件将通过植入 MDB(message driven beans)的 Task Agents 运用 JMS 进行通信,这个处理链使得企业服务器尤其能与 IBM 提出的 BPM 解决方案进行融合。就此而言,Premise 服务器提出了面向商业的 Web 服务就能被 BPM 环境调用。

在系统管理方面,通过 JMX 控制台,该套件的所有部件都是可控的。

在企业信息系统中,IBM Websphere Premise Server 在其解决方案中提供了一个促进 RFID 标签集成的架构,该解决方案可以整合所有类型的实时事件数据(所有类型的传感器和测量仪器),能与 EPCglobal 解决方案兼容,且比 EPCglobal 解决方案更通用,并与基于商业 Web 服务的企业管理系统的 SOA 架构密切相关。

9.4 Singularity 平台

Singularity[SIN 09]最初是开源的(所选的 Singularity 的授权许可是 Apache2.0 版本),主要致力于供应链、EPCglobal 网络、库存管理以及支付解决方案等方面的 RFID 软件技术的开发和推广。Singularity 由 I-Konect 公司发起,该公司是一家服务集成公司,专注于 RFID 及其相关技术,以及 RFID 及其相关技术在工业上的应用。I-Konect 公司创办了 FirstOpen 联盟,专注于解决与 RFID 和传感器事件相关的开源问题。Singularity 平台是 FirstOpen 联盟开发的第一个项目,该项目于 2005 年 3 月 31 日启动,2006 年 6 月 6 日第 1 个版本诞生。

---

① CBE:通用基础事件(common base event)。

② WSDM:分布式管理 Web 服务(Web service distribute management)。

③ SIBus:服务一体化总线(service integration bus)。

　　Singularity 的结构包括两个主要部件：EPC 信息服务（EPC information service，EPCIS）和中间件，如图 9.8 所示。

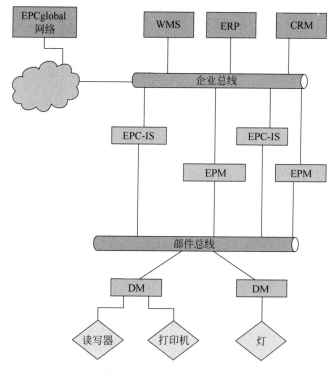

图 9.8　Singularity 架构

　　Singularity 提出的 EPCIS 支持 EPCglobal 规范，并能将与企业 EPC 编码相关的信息进行完美的集成，而中间件则能管理事件及 RFID 读写器。由于大多数企业的架构中都有 Java，故 Java 被选作 Singularity 的技术平台。创建 Singularity 的主要目的是加快 RFID 解决方案的开发和应用，RFID 中间件及 EPCIS 提供了一个平台，这样消除数据输入障碍，为企业提供了一个提高其产品供应的依据。

　　在下面的章节中，将首先介绍中间件及其主要部件，然后根据 EPCIS 规范提出采用的信息服务器，最后将对这些不同部件在实施过程中所遇到的技术问题进行讨论。

9.4.1　中间件

　　Singularity 是一个分布式系统，能使服务在不同的物理服务器或虚拟服务器上运行。中间件主要包含三个安装部件（如图 9.9 所示）。

　　（1）设备管理器（device manager，DM）。DM 是一个 JINI（Java Intelligent Network Infrastructure）服务，能在诸如 RFID 读写器或者打印机等 Singularity 网络上独立地控制设备。DM 可以管理许多功能，在网络中也可以运行多个 DM 的实例。要启动 DM，必须配置并加载适合的软件来与设备通信。DM 可以接收配置信息，并且任何 CM 服务上的软件都

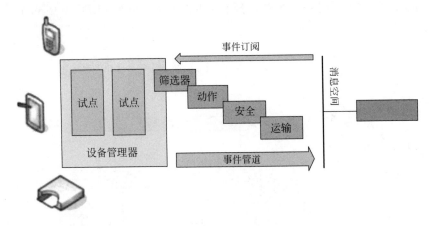

图 9.9　Singularity 中间件

能够在网络中找到。

（2）事件处理管理器（event process manager，EPM）。这是一个配置为 EAR（enterprise archive）文件的 J2EE 应用程序，可以在应用层提供事件服务（依据 EPCglobal ALE1.0 来实现应用层事件服务），也可以提供复杂事件处理服务、进程管理服务、配置及管理员管理。

（3）配置管理器（configuration manager，CM）。CM 也是 JINI 服务，可以在网络中任何地方进行配置，它能对设备管理器（DM）的配置进行管理和传播。作为 Singularity 其他服务中的编码服务器，CM 也提供了 JINI 信息检索服务，如为 DM 代码的加载。

测试时，RFID 读写器的模拟器（EM）基于 J2SE 5.0 EM 提出并执行，其中 J2SE 5.0 EM 是一个 Java 服务，而非 JINI 服务。

Singularity 平台通常需要关系数据库管理系统（RDBMS），通常该数据库是 MySQL，还需要一个应用服务器（通常为 JBoss），以及 Java 环境。

9.4.2　Hibernate-JBoss

Singularity 使用 Hibernate[HIB 09]作为对象的持久存储库，该存储库允许在没有指定特定代码的情况下，使用多个 RDBMS、Open Source（开放资源）或商业资源。Hibernate 是一个对象及关系的查询服务及持久性服务，据此可以根据对象相关的范式，包括关联、继承、多态化、组合以及集成等开发持久性的类。无论在本地 SQL 中，还是使用对象相关的 API，查询时都可以表示成其自身 SQL 的简便扩展：HQL[①]。与其他持久性解决方案相反，Hibernate 不能隐藏 SQL 的功能，也不能在相关技术中进行商业投资，Hibernate 是一个专业的 Open Source 项目，也是 JBoss Enterprise Middleware System（JEMS）产品的基本部件[JBO 09]。

Hibernate 的核心主要是用于 Java 的 Hibernate、本地 API 以及与 XML 对应的元数

---

① HQL：Hibernate 查询语言（hibernate query language）。

据。人们可以发现：

(1) Hibernate Annotations 与 JDK5.0 的注解(JSR 175)类相联系。

(2) Hibernate EntityManager 是 Java SE 和 Java EE 的 Java 持久性 API。

(3) NHibernate 是. NET 平台的 Hibernate 版本。

(4) Hibernate Tools 是 Eclipse 和 Ant 的开发工具。

(5) Hibernate Validator 是一个验证 API,用于数据完整性的验证。

(6) Hibernate Shards 是一个数据水平分割的框架架构。

(7) Hibernate Search 是在 Lucene 中的 Hibernate 集成功能,用于数据的索引及采集。

(8) JBoss Seam 是一个用于 JSF、AJAX、EJB 3.0 及 Java EE 5.0 应用程序的框架。

9.5　嵌入式系统的中间件

9.5.1　TinyDB

TinyDB 系统用于数据查询与处理。该系统是基于传感器网络所收集的数据,而非基于数据库。2002 年,Intel-Research Berkeley 及 UC Berkeley 的研究人员设计了 TinyDB[TIN 09],目的是满足位于交通不便区域的传感器网络的下列性能要求:

(1) 能源自主性。

(2) 动态适应及自动配置。

(3) 寿命长。

目前,在一些重大项目中已经配置了 TinyDB,如在 Great Duke Island 及加利福尼亚的 James Reserve 环境监测系统。

传统的策略仅仅是聚合并筛选处于网络中的操作,并限制计算能力和能源的消费。与此不同的是,TinyDB 使用了一个控制策略来掌握在何处、何时以及如何采集及传输数据,系统的各个部分均包含了 ACQP(acquisitional techniques)来处理使用者的查询,主要包括优化查询、网络上查询元素的传播,以及在传感器网络上执行查询。

传感器带有一块电池,配置一个体积很小且低功耗的处理单元,上面安装了 TinyOS 操作系统,操作系统内预设了嵌入式传感器的能量规划技术,该系统称为 Mote 节点或者网络节点。TinyOS 是专门为软件处理及与其他 Mote 节点通信而设计的,其编程语言是专门为阐述能量问题而设计的 nesC 语言。TinyOS 非常轻,没有内核,也没有特殊的管理服务或存储保护,它用库来管理通信数据包、读取来自传感器的数据、同步时钟并有效地禁用硬件。Mote 节点利用无线电通过天线和发射机进行彼此通信。

传感器网络的架构是动态建立的。生成树策略通常用于通信建立(选出一个根节点,然后将查询命令传递给它的子节点,该子节点又传给它的子节点,依此类推)。一个网络节点可以选择最靠近根的上级节点(在生成树中,靠近该节点的前一个节点),并对连接质量进行评估。

对于 TinyDB 可以利用与 SQL(SELECT、FROM、WHERE、GROUPBY 等)相似的说

明性语言对其许多特性进行简单编程,如系统动态配置能力、网络内部处理功能、多跳路由、通信网络拓扑的发现及路由树知识。与 SQL 语言相比,TinyDB 的主要不同之处在于,TinyDB 构造了一个查询流和一个响应流,传感器列表分布在生成和存储数据的所有节点中。从节约角度出发,TinyDB 在有必要时才会记录,且存储时间很短。每个 Mote 节点上的具体节点均用来存储数据,并执行 flow windowing,实现数据的存储与聚合等功能。

所有的查询都包含了以下形式:

```
SELECT select-list
[FROM sensors]
WHERE where-clause
[GROUP BY gb-list
[HAVING having-list]]
[TRIGGER ACTION command-name[(param)]]
[EPOCH DURATION integer]
```

为了节约能源,Mote 节点工作于中断模式而非扫描模式,这样可以使 Mote 节点尽可能处于空闲状态。事件只有在局部报道,而不需要唤醒所有的 Mote 节点,但是信号则可以通过隶属关系沿生成树进行传播。系统会定期估计 Mote 节点的使用期限,TinyDB 通过定期调整传输速率和采样率来使 Mote 节点与最初确定电池寿命相符。为了达到这一目的,TinyDB 会发送监控查询命令以控制网络状态,发送探索查询(exploratory query)命令以确定节点的状态。

查询也可以充当并产生一个事件,或在 EEPROM 存储器内请求存储。为了优化每个查询,TinyDB 对串并图结构使用运筹学技术来找到查询谓词的顺序,以便将系统消耗的能量降到最低。为了优化全局查询方式,TinyDB 将查询事件转换为事件流,并进行多次改写以避免抽取同一传感器。

为了节约能源,TinyDB 为每个路由树都建立了查询,这样就可以尽可能地减少唤醒 Mote 节点的次数。需要强调的是,为了到达 Mote 节点,所有其路径上前级的 Mote 节点都需要唤醒,而 Mote 节点的新"父母"则需要依据各种预定义的策略来进行选择。最终,在查询过程中,队列可以在每个 Mote 节点和策略(FIFO,"Averaging Heading Tuple"等)中获得,其目的是最大限度地利用这些文件。

考虑到物联网,当一个人想要测量诸如冷藏温度等环境因素时,可以应用这些技术。在这种情况下,无源 RFID 标签必须用装有传感器的有源标签来代替。无源 RFID 标签没有能源的问题,除了提供识别代码及存储在内存中的数据外,不提供其他信息。在这种情况下,传感器提供包括时间及电池使用的一些数值,然而,如果将有源标签的发射距离比无源标签的典型发射距离更远这一问题考虑进去,人们就会发现没有传感器时的能耗问题。

9.5.2　GSN

GSN(global sensor networks)[GSN 09]无线传感器网络中间件是一个始于 2005 年的软件项目,项目由瑞士洛桑理工学院(EPFL)的 LSIR 实验室的 A. Salcher 负责完成,由 K.

Aberer 监督。该项目最初的目标是创建一个可重用的软件平台,用于处理由无线传感器网络产生的数据流。该项目获得了成功,并在后来重新定位为通用数据流处理的平台。GSN是一个开源项目,主要由三部分组成(如图 9.10 所示):

(1) 数据采集。

(2) 数据处理(用扩展版的 SQL 语法进行筛选,根据查询结果执行算法)。

(3) 数据输出。

GSN 可以配置为从不同来源获取数据,这些来源包括在 TinyOS 上运行的设备、串行设备、利用 UDP 进行通信的设备、网络摄像头、内存等。多数数据源允许进行复杂的数据处理,如果数据源不支持复杂的数据处理,则可开发一个包装器(wrapper)来操作配有 GSN的新设备。GSN 提供了先进的、基于扩展版 SQL 语法的数据筛选功能。

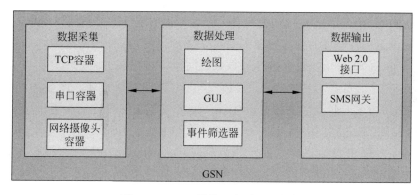

图 9.10 GSN 及其三个独立的部件

GSN 包含两种类型的数据源。

(1) 事件数据。这些数据通过数据源发送,并且当它们到达时就会调用一个 GSN 方法。该事件逻辑采用串行端口及网络连接(TCP 或 UDP)进行传输。

(2) 扫描数据。GSN 周期性地询问新的数据源,这些数据使用 RSS 流或者使用一个与扫描逻辑相对应的电子邮件账户进行传输。

利用包装器可以接收由不同数据源发出的数据,而包装器能够压缩以 GSN 标准数据模型为数据源采集到的数据,该数据被称为 StreamElement。具体地说,一个 StreamElement对象就代表 SQL 表中的一行。每个包装器就是一个继承了 AbstractWrapper 父类的 Java类,通过调用构造函数,包装器可以初始化层次库(tiers library)。每当接收到监控设备的数据,这个库都会提供一种调用方法,根据此方法提取的相关数据,创建一个或多个StreamElement,每个 StreamElement 具有一个或多个列。根据字段的名称与类型是否相同,接收到的数据将与 SQL 数据结构进行匹配。GSN 将会采用扩展版 SQL 语法对数据进行筛选。

目前主要有 9 种可用的包装器,当然也有可能进一步开发其他类型的包装器。

(1) Remote 包装器,允许一个虚拟传感器使用另一个虚拟传感器作为数据源。

（2）TinyOS 1. x 包装器，可以与运行 OS TinyOS 1. x 的任意设备进行通信。

（3）TinyOS 2. x 包装器，可以与运行 OS TinyOS 2. x 的任意设备进行通信。

（4）Serial 包装器，它可以读取或接收串行端口（RS-232）数据，串口可以是真实连接或虚拟连接（通过无线蓝牙连接）。

（5）UDP 包装器，该类型包装器在读取上述数据的配置端口上打开一个 UDP Socket。

（6）系统时间包装器，在事件生成的系统时间内，根据系统时钟每隔 $t\mu$s 生成一个事件。

（7）HTTP Get Handler 包装器，它可以扫描来自远程 Web 服务器（如 IP 摄像头）的传感器读数。

（8）USB Webcam 包装器，它能定期扫描 USB 摄像头来获取摄像头拍摄的图像。

（9）Memory Monitor 包装器，它能从内存上产生周期性的使用统计信息。

GSN 提供了两种互补的数据处理机制：

（1）使用扩展 SQL 语法进行事件计数和时间窗口切割。

（2）根据预定义的虚拟传感器上的执行信息来进行数据处理。该方法可用于以下场合：生成图像或生成图像接口来控制设备等。也可以对它们自己的虚拟传感器进行编程，所有的程序都用 Java 进行编写。

数据恢复功能仍在建设中，该功能必须利用 Web 接口，通过邮件或 SMS，集成到 Google 地图中（尤其是定位时）等来实现。

GSN 的优点如下：

（1）可实现传感器网络物质材料的经济性。

（2）使用市场最知名的、可将技术集成到传感器网络中去的 Mote 节点，采用 TinyOS 操作系统，简化了通信。它还提供了用 Java 语言编写包装器的简单方法来实现与其他设备进行通信。

（3）能够筛选并处理来自传感器的数据，可简化其编程和定制。

（4）由于其低内存消耗使该系统可安装在移动系统中，如移动电话。可在移动电话上或 Web 接口上实现数据恢复。

GSN 也有以下缺点：

（1）底层编程。

（2）早期配置。

（3）其系统缺乏先进配置，自反性差，缺乏行为或商业分析，不能提供更详细的情况，容错性及失效容限差，但不影响 GSN 在某些要求不严格的产品上的应用，甚至 GSN 也可能应用在必须遵守能源约束条件的情况下。另外，其他某些中间件能满足其他方面的要求。

9.6　ObjectWeb 项目和物联网

9.6.1　ObjectWeb［OW2 09a］简介

ObjectWeb［OW2 09a］是在 2002 年由 BULL、INRIA 及 France Telecom 公司创建的国际非营利性联盟，致力于 Open Source 中间件的开发，它将 INRIA、Bull、France Telecom、Thales Group、NEC Soft、Red Hat 及 SuSE 等企业及研究机构整合在一起，包括了 70 家公司、大约 5000 位开发者。ObjectWeb 提供的产品必须符合 JCP、OMG 或 OSGi 等独立机构规定的标准。ObjectWeb 在多个领域有 120 多个项目合作，如在电子商务领域、网格计算、制造消息及 Web 服务等方面均有合作，其中最重要的项目是 JOnAS(J2EE 认证的 Java 应用服务器)和 JORAM(异步消息总线)，这两个项目将在本章中具体阐述。

9.6.2　ObjectWeb RFID 的部件 JORAM

JORAM［OW2 09b］是实现 JMS 规范的异步通信中间件。这是一个完全基于 Java 的 Open Source 实现(LGPL)，符合最新的 JMS1.1 规范，也是 J2EE1.4 规范的一部分，并被应用到许多操作环境中。主要有以下应用：

(1) 用于不同环境(从 J2EE 到 J2ME)的 JMS 应用程序之间自主的 Java 消息系统。

(2) 集成在 J2EE 应用程序服务器中的消息部件。在这一应用中，JORAM 是 J2EE JOnAS 服务器的基本模块，这将在后面介绍。

JORAM 包含一个管理 JMS 对象(Queues、Topics、Connexions 等)的服务器及一个 JORAM 客户端部件。其中，JORAM 客户端部件与 JMS 客户端应用程序相关联。JORAM 的架构如图 9.11 所示。

服务器和客户端之间的通信是基于 TCP / IP 协议的，但当 JMS 客户端是在 J2ME 环境下开发时，则使用 HTTP/ SOAP 协议。两个服务器之间的通信可以根据需要使用不同的协议(TCP/IP、HTTP、SOAP、通过 SSL 的安全通信)。客户端和服务器对于是否运行在不同的物理层上，或者是否运行在不同的进程上，都没有要求。

9.6.3　JORAM 架构

JORAM 平台的基本特征为其分布式、可配置的架构，其基本架构属于 Snowflake 类型，即由一组分布式 JORAM 服务器组成，并通过总线消息相互连接。每台服务器都能处理不同数量的 JMS 客户端。根据应用程序的需要，平台管理员可对服务器进行重新分配，并调整客户端在服务器上的分布，这是第一级配置；第二级配置是根据需要对目标(Queues 和 Topics)进行定位的能力；最后一级配置是与消息总线(通信协议、安全性、持久性等)相关的 QoS 参数，其选择机制是基于 QoS 级别和成本之间的平衡原则。JORAM 提供了两种通信模型，即点对点模型和发布—订阅模型。

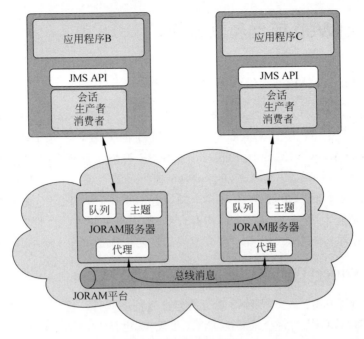

图 9.11　JORAM 平台

9.6.4　JORAM 高级功能

JORAM 提出了一组不属于 JMS1.1 规范的附加功能。

1. 负载均衡

由于在服务器之间对通信对象的复制以及消息流的优化,JORAM 架构能执行负载均衡机制来提高其可用性。

主题(topics)的实现是基于"群集"主题,可在强耦合的服务器(机器集群)上进行复制,并被分布到不同的服务器上。每当一个复制节点为它的其中一位订阅者服务时,还要消息发送给其他的复制节点。消息在节点间的共享减少了拥塞。运用这种方法,就可能实现容错性,即如果一台服务器出现故障,不会影响应用程序的其余部分。

队列(queue)的实现是基于存在几个同一 queue 对象的副本,这些副本位于相互独立的服务器上,与服务器相连的消费者(customer)可以得到每个副本。如果服务器的负载超过阈值,则消息会被重新指定给由另一台服务器管理的相同 queue 的另一个副本。该方案在不影响应用程序的基础上,提高了应用的性能及可用性。

2. 可靠性和高效性

JMS 客户端和其在服务器中的代表(对象,Proxy)之间采取确认机制,尽管采用异步交换,其通信也很可靠。该解决方案由 Proxy 主导的 Store&Forward 机制进行补充时,其目的是在 Proxy 与目标之间进行数据交换,当由总线消息进行补充时,其目的是在服务器间进行数据交换。

为了达到这一目的,根据在主从模式中获得的主动复制方法,设计了 JORAM HA(高可用性)版本。Queue 及 Topic 被复制在运行于某一机器集群中的 JORAM 服务器上,主服务器执行客户端的查询,并通过媒介物质将操作传送到能在本地重复处理过程的从服务器上。目前,在通信过程中 JORAM HA 版本使用了 JGroups[JGR 09]机制。

3. 扩展连接性

连接性可以通过以下方式得以增强。

(1) 利用与其他 JMS 平台进行互操作的 JMS 网关,可通过一个代表最终目标的终端对象 JORAM 建立该链接。

(2) 利用 SOAP 协议。该协议提供了一种在 HTTP 连接上交换 XML 消息,以此来访问远程服务的标准方式,该方式对回应由防火墙管理所施加的安全约束是很有用的,当 J2ME 环境不能提供完整的 API JMS 时,该方式可以把在 J2ME 环境下运行的客户端也考虑在内,这一点也十分有用。

JORAM 符合 JCA(J2EE connector architecture)规范,该规范中介绍了如何将外部资源整合到 J2EE 应用程序服务器中的方法。因此,可以管理资源的生命周期,也能管理与 EJB 部件间的联系,还能根据 XA 接口来执行事务管理。这样就能将 JORAM 整合到任何一个执行该规范的 J2EE 应用程序的服务器上,这也是一种与 JOnAS 服务器整合的经典方式。

4. 安全性

JORAM 按需进行 SSL 连接授权参与者,并将消息加密。然而,防火墙应能很好地对端口的使用进行配置,有一种解决方案是让防火墙普遍接受 JORAM 平台协议(HTTP 和 SOAP)。

9.6.5 JORAM 进展

JORAM 有几项正在进行的重要工作,其目的是促使 JORAM 朝着基于 RFID 标签的特定系统来进行。

(1) 将 JORAM 的应用范围扩展到嵌入式系统领域。这一目标的实现需要使用简易版本的 JORAM 服务器,以满足不同类别设备的资源限制,如智能卡、RFID 读写器、工业控制器等的资源限制,特别是满足 RAM 内存和持久性存储器的资源限制,如闪存。为了完成以上工作,一种方法是将客户端库中的 Store & Forward 功能移除,这种新结构将在 JORAM 客户端间执行 P2P 连接,而无须使用层服务器。

(2) 改进操作和管理功能。该方法利用数据库管理系统来管理消息的持久性,或长期使用自适应机制,以便使 JORAM 平台能够收集有关其行为的信息,以此来自发地适应由于故障、性能下降或配置更改等带来的变化。

9.6.6　JINI 技术和物联网

1. 简述

JINI 技术的目标是使应用程序独立于操作系统。如果将外围设备和软件看作能够进行通信的独立对象,JINI 则可将它们收集到对象集中,一旦当对象集被联通,它就可以自动安装并起作用。

JINI 具有一种网络结构,其目的是在模块化协同操作服务的形式下建立分布式系统。JINI 最初由 Sun Microsystems 开发,之后就移交给了 Apache,项目名称为 River。JINI [JIN 09]提供了解决系统演化、恢复、安全性及服务部件的动态组装等问题的解决方案,代码移动性(code mobility)是该平台的一个基本概念,并规定了通信协议的独立性。

JINI 技术是由 SUN 于 1998 年推出,简化了便携式计算机(PC、PDA、手机、TV、游戏机、数码相机、打印机、传真机、报警器、GPS、家庭自动化等)之间的接口和连接。此外,这种技术还提供了一个架构,在架构中,部件可以显示其存在及服务,任何一款软件都可以找到一种可执行一套数据功能并建立用户协议的服务。

2. JINI 架构

服务可以在硬件中执行(打印机可提供打印服务),也可以在软件中执行(文字处理可被看作一种服务)。在这两种情况下,技术是基于代码的动态加载,数据传输则是通过协议层堆栈进行的,而连接管理是通过基于 TCP / IP 的专有协议 JRMP[①] 来执行的,如图 9.12 所示。

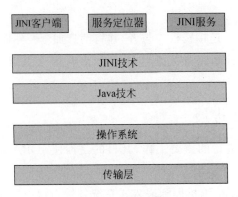

图 9.12　JINI 架构

JINI 技术被看作设施、编程模式及 Java 技术服务的网络扩展。

3. JINI 设施

如表 9.1 所示,JINI 设施包含三个基本部件:

(1) Java 的 RMI 类,该部件能对远程对象进行控制,并确保 JINI 分布式环境的安

---

① JRMP: Java 远程方法协议(Java remote method protocol)。

全性。

（2）发现进程和加入进程，这两种进程分别使发现某注册服务并接着注册该服务成为可能。

（3）查寻服务，该服务是现有服务的集合。

表 9.1　JINI

	设施	编程模型	服务
Java	JavaVM	Java API	JNDI
	RMI	Java Bean	企业 Bean
	Java 安全性	…	JTS
Java ＋JINI	发现/加入	租借	打印
	分布式安全	事务	事务管理器
	查寻	事件	JavaSpaces 服务

4．JINI 操作

在 JINI 系统中要区分两种不同的职能。

（1）服务提供者查找某注册服务，并将输出服务的对象及其属性进行注册。

（2）客户端通过使用与之相关联的属性查找某服务。注册对象的副本将被发送，这样该对象就可以与查找的服务进行通信。

5．JINI 编程模型

JINI 技术基于一个可靠的分布式系统，该模型提出了三种 API。

（1）租借（leasing）。它允许将 Garbage Collector 概念扩展到分布式环境中，以此来管理分布式对象的租借。租借的期限，即确保提供者能获得所请求资源的期限，可与提供者进行协商或由提供者强行规定，在此期间内，租借人可以取消租借，此时资源就会得以释放。

（2）事务（transaction）。操作会被分组包装在一个事务中，事务符合原子性原则（atomicity principle），即事务要么一起成功，要么一起失败。对于外部观察者而言，事务是一个单一的操作。事务由带有 TransactionManager 接口的事务管理器创建及监督。事务生效就意味着每个参与者进行了表决，一般有三种表决方式：①Prepared 方式，参与者预计事务可以生效；②Not Changed，操作仅处于读取状态；③Aborted，参与者预估到事务不会生效。

（3）事件（events）。事件是由扩展到分布式环境中的 JavaBeans 部件模型所使用的事件模型的延伸。JINI 在不同系统服务之间提供了一种事件通信模型。

这些 API 的实施则是通过以下步骤完成的。

（1）定义 remote 类接口，remote 类继承自 remote 接口。对象的全局公共方法已经公布，这些方法可以发出 RemoteException 异常。

（2）定义 service 类。在分配服务标识符时，用以实现在之前步骤中定义的接口以及 ServiceIDListener 接口，主要是为了调用 JoinManager。该接口用于服务，但还没有标识符。最后,service 类必须继承 UnicastRemoteObject 类或 Activatable 类。由 RMIserver 操作或交换的对象必须要序列化(serializable),以便通过网络进行传输。

(3) 如果注册服务(LookupService)能在网络中被定位,则定义 ServerUniCast 类型的 Service Provider;如果必须提前搜索 LookupService,则定义的类型为 ServerMultiCast。如果有必要,则 Service Provider 将会引用 JINI 服务的实例。

(4) 定义客户端程序。如果注册服务(LookupService)可在网络中被定位,则与在之前创建服务器的步骤类似,客户端程序使用 ClientUniCast 对象定义,如果 LookupService 是未知的,就使用 ClientMultiCast 对象进行定义。

(5) 使用 rmic 命令生成 Stub。

(6) 启动 RMIregister(rmiregistry),接着使用 JINI 提供的 start 档案文件启动 JINI (lookupService)服务的注册服务。

(7) 启动 Service Provider。

(8) 启动客户端。

9.6.7　ObjectWeb RFID 的部件 JONAS

JONAS[OW2 09a]是 J2EE 的 Open Source 应用程序的服务器,由 ObjectWeb 联盟开发。JONAS 特别向 EJB 和 Web 服务提供了支持,具有"集群化"功能,集成了 JMS 和 JASMINE 管理工具。JONAS 在许多操作系统、Web 服务器及 Open Source 或商业数据库中是非常有用的,并在 2005 年初就进行了 J2EE 认证。

在 ObjectWeb 联盟中,由管理及推进应用服务器核心技术的 Bull 公司对 JONAS 及其他服务器一起进行开发,开发团队位于 Grenoble(法国)和 Phoenix(美国)。Bull 公司也致力于开发 JONAS 的外围部件开发,如 Tomcat 及 Axis,并向 JONAS 提出补充性软件。

(1) EasyBeans:运用在 JONAS 4、JONAS 5、Tomcat 及单机模式上的一个 J2EE 容器。

(2) Bonita:JONAS 上运行的工作流(workflow)引擎。

(3) Orchestra:服务工作流程引擎。

(4) ExoPlatform:JONAS 配置的接口。

(5) WTP:Eclipse 开发环境中的一种插件(Plugin)。

此外,Bull 公司为 JONAS 提供了专业的技术支持,并围绕 JONAS 和 J2EE 提出了多种服务条款(培训、开发、集成及住宿)。

位于马德里理工大学的分布式系统实验室(DSL)参与了 JONAS 的 Cluster 部件的开发,以确保 J2EE 应用程序具有较高的可用性和较好的容错能力。与 Clustering J2EE 的其他方法相反,JONAS 甚至在错误的情况下也可保证事务的一致性。DSL 根据新的复制协议工作,并致力于开发 JONAS 的自主通信协议。

Fortaleza 大学已经建立了一个研究实验室,集中于研究 J2EE 的体系结构,尤其是 EJB、Web 服务和 Clustering,该项研究开始于 2006 年 9 月,从开发 Cluster JONAS 5 架构的群通信(GC,group communication)层开始启动。

　　OrientWare 是一个由北京航空航天大学(BHU)、中国科学院软件所(ISCAS)、国防科学技术大学(NUDT)和北京大学(PKU)联合成立的非营利组织,整合在中国的 800 多个与中间件相关的项目,利用 Open Source 模式作为主要的分配渠道来传播科学研究结果,以增加学术界和产业界之间的合作。北京大学的一些研究人员参与到 JONAS 项目中,最近北京大学(PKUAS)决定将 ObjectWeb 应用服务器及 JONAS 的研究归并到一起。自 2006 年以来,北京大学致力于 JONAS 在 Clustering 方面的研究。

　　法国电信公司 R&D 致力于 JONAS 的 EJB 容器管理持久性的研发,也是 Java 对象关系映射(JORM,Java object to relational mapping)的起源,用于支持 JONAS 和 SPEEDO(JDO 实现)中的 CMP2。法国电信还提供了一个 EJB3 持久性(JPA)的实现。

　　LIFL 实验室(Laboratoire d'Informatique Fondamentale de Lille)对 JONAS 中的配置工具(FDF)和监控(thread management framework)有很大贡献。这项工作是由欧洲项目ITEA S4ALL 提供部分资金。

　　JONAS 采用了 OSGi 架构,实现了模块化,使用灵活,它被作为一组 OSGi Bundle 进行实施,具有 OSGi 服务形式。该服务器架构可以选择添加新服务,或选择取代现有的服务,运行时,服务可以启动、停止和重新配置。

9.6.8　OW2 ASPIRE 计划

　　ASPIRE[ASP 09a] RFID 项目被定义为"开发和推广 LGPL v2.1 型中间件,该中间件具有以下特征:开源式、轻量级、标准兼容、可容纳大量条目、尊重隐私、能基于 RFID 标签和传感器进行开发、配置及应用管理的系列工具"。ASPIRE 实现了在该领域不同组织联盟,如 EPCglobal、NFC Forum、JCPs 及 OSGi 等制定的多种规范。

　　OW2 是一个 ObjectWeb 项目,参与了一个关于 RFID 标签[ASP 09b]发展的欧洲计划。在实践中,OW2 能提供完整的环境,并且能够处理不同类型的读写器和 RFID 标签。

1. 结构

　　ASPIRE 架构如图 9.13 所示。在硬件上建立了第一个抽象层:HAL 层。在被支持的设备中,最初发现与 EPCglobal 标准相兼容的设备(使用 RP 和 LLRP 协议)。此外,根据 NFC 标准进行装备,尤其在移动电话上配备了 NFC 系统,用户应用程序和读写器自身之间的通信已经得以标准化并统一。不符合 EPCglobal 协议的读写器通过 Proxy 管理,使得这部分读写器能与这些协议相兼容。

　　ASPIRE 架构的上层重用了 EPCglobal 规范。与 ALE(6.3 节)一样,该架构有一中间

---

　　①　ASPIRE:用于创新型 RFID 企业应用程序的先进传感器和轻量级可编程中间件。

　　②　HAL:硬件抽象层(hardware abstraction layer)。

　　③　RP:读写器协议(reader protocol)。

　　④　LLRP:底层读写器协议(lower level reader protocol)。

层,并通过一个 BEG(business event generator)部件得以完善。正如 EPCglobal 标准中所规定的那样,为了减少由大量读写器与标签产生的数据交换、筛选和聚合的机制(filtering and collection layer),试图尽可能减少拥塞量,也就是尽可能地接近硬件,以尽量减少许多读写器和标签间交换数据。与此同时,BEG 尝试只是在筛选后进行干预,并发送和建立与应用程序的商业问题相关性最大的信息的结构。该部件是想明确区分与硬件相关的商业问题,尤其是交换信息的数量。BEG 对信息的格式以生成 EPC-IS 事件,并将其发送到 EPC-IS 信息系统的存储系统。

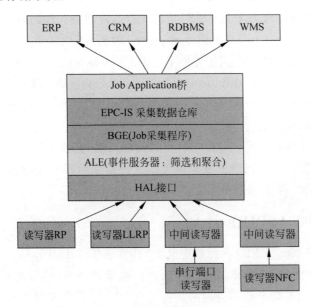

图 9.13　ASPIRE 解决方案的一般架构

然后,EPC-IS 数据的存储系统将通过符合 EPCglobal 标准的采集接口存储来自 BEG 的信息,并能够通过查询接口来恢复数据,除了通过一些诸如 ERP、CRM 等企业信息系统中其他机制定义的网关。

2. 配置

ASPIRE 架构配置在 EPS[①][HA 08]型的物理设施上。

Edge 部分位于负责 RFID 读写器管理的 OSGi 平台。该网关的作用是从读写器和标签收集原始数据,并嵌入到读写器的控制模块和 ASPIRE 架构的 HAL 部分。

Premise 部分位于 OSGi 平台上,主要用来管理读写器并负责 Edge 平台的安全。这部分设施还可以通过集成机制支持一些功能,管理多个 Edge 网关与聚合及筛选功能之间的关系。这使得信息流和 ASPIRE 架构的 ALE 部件的基本机制尽快(最接近源)得到移送。

最后,Server 部分位于 JBOSS 或 JONAS 型的应用平台。它将 ALE 和 BGE 部件,以及

---

① EPS:edge-premise-server 边缘—前端—服务器。

EPC-IS 的仓库和各种软件网关嵌入企业应用程序中。该设施可以通过集中或分散的方式进行配置。

ASPIRE 还提供了通过使用 JMX[①] 技术全面管理配置的解决方案机制。因此，该解决方案的所有部件均公开了一个确保复杂监控应用程序的标准 JMX 接口，以便利用硬件和软件部件以及相关的服务器。

3. 开发

ASPIRE 的关键是提供相关的集成开发环境（IDE），以加强 RFID 解决方案不同创作阶段的控制。IDE 的目标是将需求给出精确规范的定义，以便自动生成基于 ASPIRE 技术选择的解决方案。因此，IDE 必须能够做到以下几方面。

（1）物理读写器的配置。

（2）相关 HAL 层的配置。

（3）ALE 层的服务器管理，特别是筛选和聚合部件的管理。

（4）用于部件筛选和聚合且遵循 ALE 标准的编辑命令。

（5）业务相关的信息流规范。

（6）业务层应用程序连接器的管理。

（7）针对企业元数据的编辑。

因此，不同的模块使我们能够利用配置平台主要部件的专门特性，特别是在 BEG 中，可以采集到应用程序的商业知识。

ASPIRE 项目凸显出了欧洲人克服来自美国领先制造商解决方案束缚的雄心。虽然基于 EPCglobal 标准，但该解决方案旨在为欧洲公司提供一个访问完整的解决方案、开放源代码以及免费版权的入口。

9.7 结论

最初的观察使我们认为一些解决方案不是 RFID 技术的真正发展，而是"公告效应"。大多数的主要参与者将他们的商业解决方案的价格调低，以利于他们在充满前景的市场中立住脚。然而，这种迟来的技术并不是真正鼓励他们投资于大规模的特定发展中。这些解决方案绝大多数基于 EPCglobal 标准，且遵循相同的通用结构。

有趣的是，各大厂商都倾向于基于个性化需求，通过允许客户在试点进行测试的方式建立解决方案。这种做法表明，在 RFID 技术方面还需要理念（第 4 章）。

与此同时，开放源码和学术解决方案应运而生，表明人们对这些技术越来越感兴趣。为了获得一个重要的地位，RFID 技术必须回答两个非常重要的观点。

（1）确保解决方案的互操作性，以确保基于不同技术的各种系统，协同工作和分布式应用程序发挥它们的作用。事实上，像经典的互联网，考虑到不同安全策略的迫切需要，只有

---

① JMX：Java 管理扩展（Java management extension）。

当物联网能保证任意的网络单元与其他单元相互操作的可能性时，它才能同时工作。

（2）提供一种廉价的集成是主要的挑战，在标签产品层面上需要技术改进，但也涉及包含在企业信息系统中的标签。此外，如果有损安全原则，则不能实行。

目前的中间件解决方案押注于通过 EPCglobal 标准的一致性实现集成。然而，这种一致性有时会阻碍 RFID 标签使用的扩展，由于 EPCglobal 模型和通过网络的需要，因此可以怀疑这些公司会考虑这些解决方案。评论这些技术的长期成功性还为时尚早；但似乎它可以不考虑所有层次，特别是中间件的安全性方面（机密性、完整性、保密性等）。

9.8　参考文献

［ASP 09a］OW2 Consortium，ASPIRE RFID wiki，2009，http：//wiki. aspire. ow2. org.

［ASP 09b］European Union Project，ASPIRE，University of Ariborg，Denmark，2009，http：//www. fp7-aspire. eu.

［GSN 09］Sourceforge，GSN，2009，http：//sourceforge. net/apps/trac/gsn/.

［HA 08］HA T. -T. ,Déploiement automatisé d'architectures Edge-Premise-Server（EPS）dans le contexte des intergiciels RFID，Master's thesis，University Joseph Fourier，June 2008.

［HIB 09］Hibernate，2009，http：//www. hibernate. org.

［IBM 09］"IBM Sensors and Actuators"，2009，http：//www-01. ibm. com/software/solutions/sensors/.

［JBO 09］JBoss Community，2009，http：//www. jboss. org/.

［JGR 09］JGroups-A Toolkit for Reliable Multicast Communication，2009，http：//www. jgroups. org/.

［JIN 09］"Jini Specifications and API"，Sun Microsystems- Product，2009，http：//java. sun. com/ prod-ucts / jini/.

［OW2 09a］OW2 Consortium，JONAS，2009，http：//wiki. jonas. ow2. org.

［OW2 09b］OW2 Consortium，JORAM，2009，http：//joram. ow2. org.

［OW2 09c］OW2 Consortium，ObjectWeb，2009，http：//www. ow2. org.

［RFI 09］Microsoft BizTrik，RFID help，2009，http：//msdn. microsoft. com/en-us/library/dd352559 （BTS. 10）. aspx/.

［SIK 09］Sikander J. ，"Microsoft RFID Technology Overview"，MSDN，2009，http：//msdn. microsoft. com/en-us/ library/aa479362. aspx/.

［SIN 09］Singularity，2009，http：//singularity. firstopen. org/.

［SUN 05］SUN MICROSYSTEMS，"The Sun Java™ System RFID Software Architecture"，Technical White Paper，March 2005，http：//www. sun. com/solutions/documents/white-papers/re_EPCNetArch_wp_dd. pdf? facet=-l .

［SUN 09］Oracle，"http：//www. sun. com/"，2009.

［TIN 09］"TinYdB"，2009，http：//telegraph. cs. berkeley. edu/tinydb/.

［WEF 06］OASIS Standard，WSDM V1. 1，August 2006，http：//www. oasis-open. org/home/ index. php.